1, 2, 3 – Wir sind jetzt auch dabei

Mathematik, Lehrbuch für Klasse 1

Volk und Wissen Verlag GmbH
BERLIN

1
2
3
4

Vergleichen von Mengen

„weniger“, „mehr“, „gleich viel“

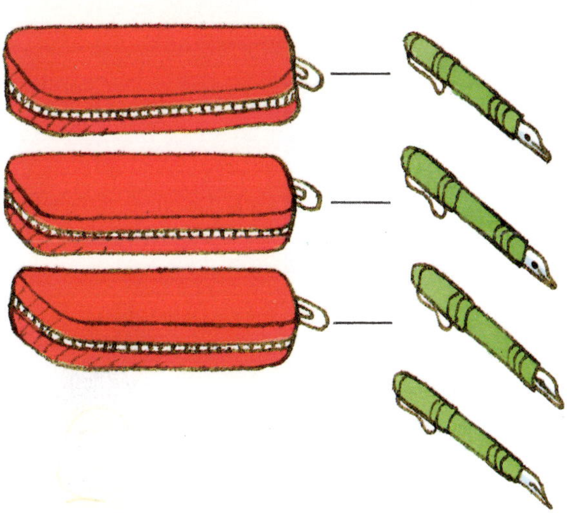

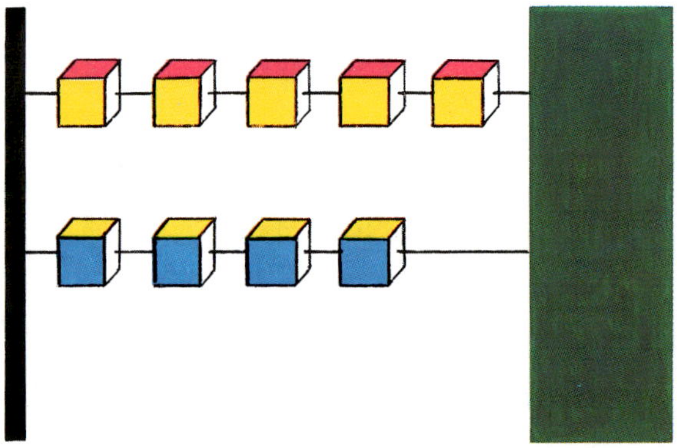

Die natürlichen Zahlen von 1 bis 10

Die Zahlen von 1 bis 5

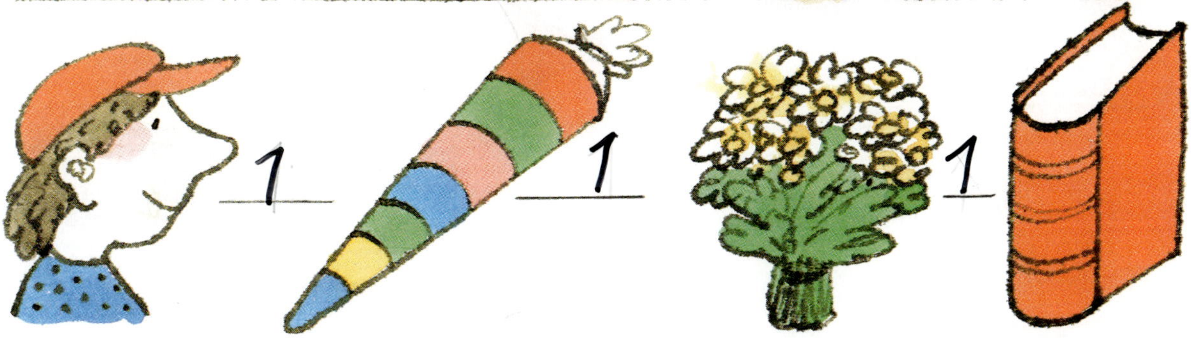

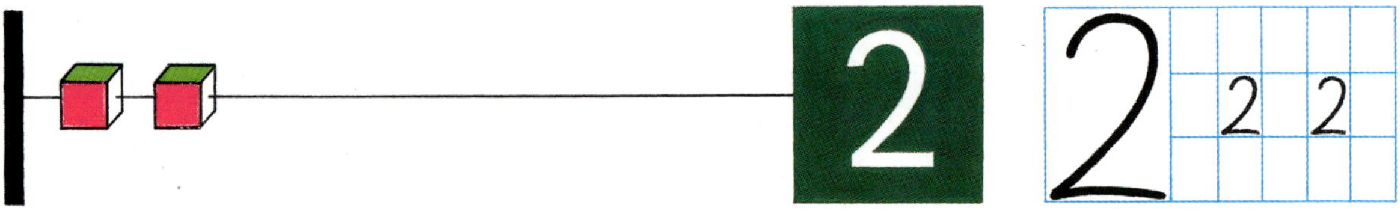
2
2 2 2

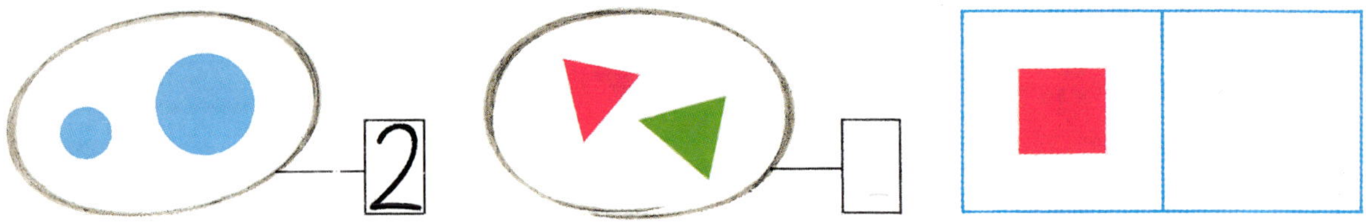
2

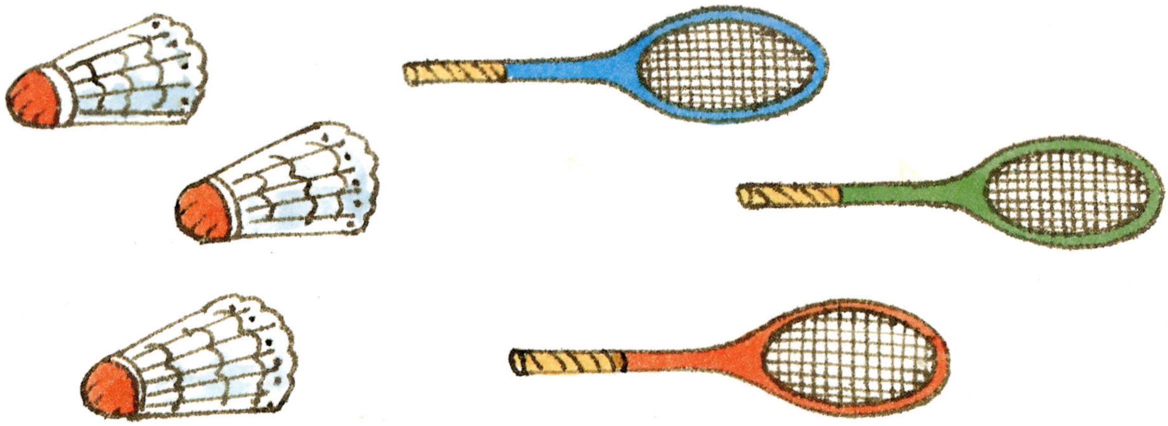

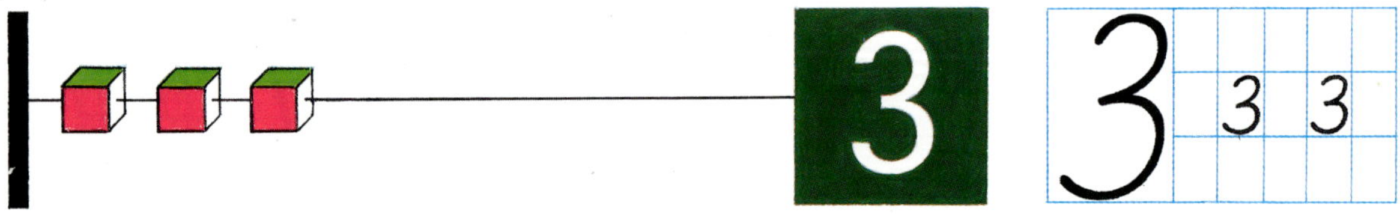
3
3 3 3

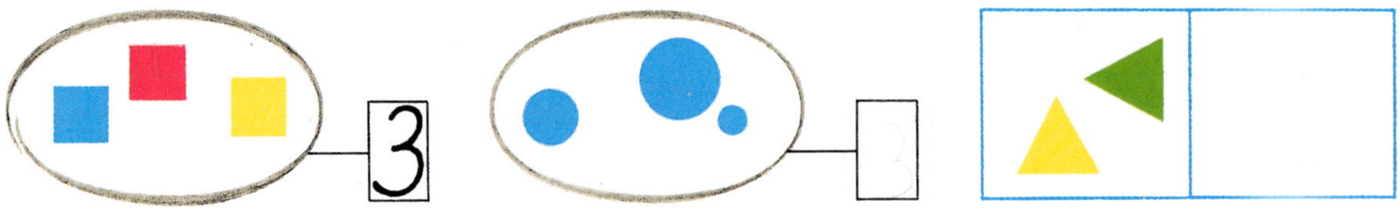
3

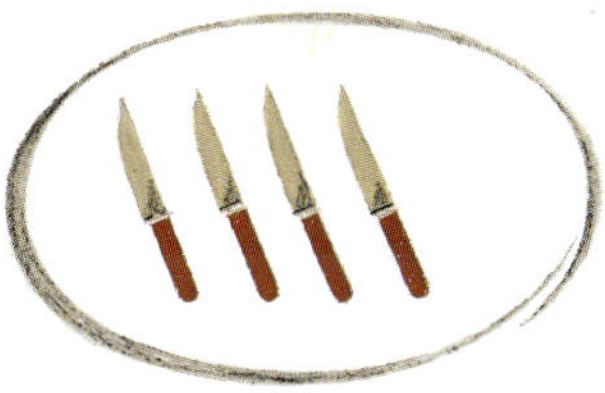

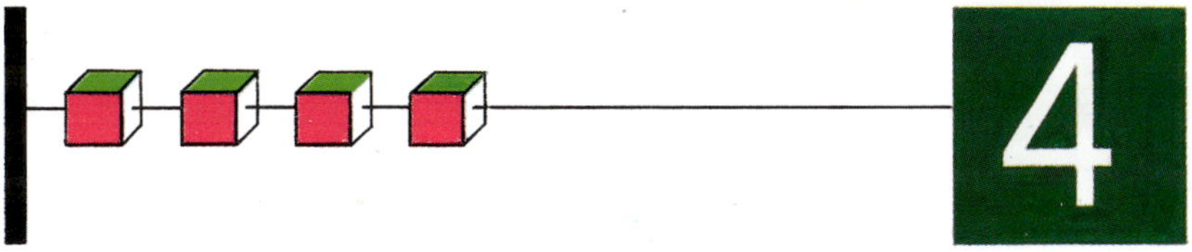
4

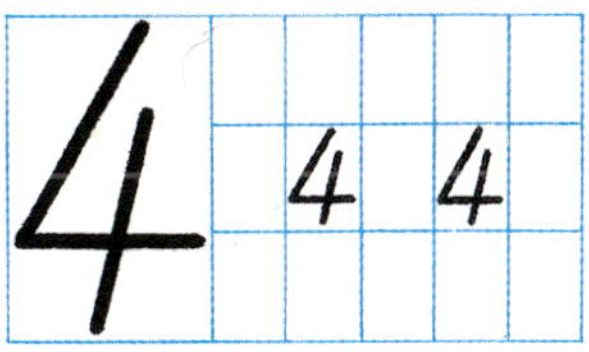
4
4 4

4

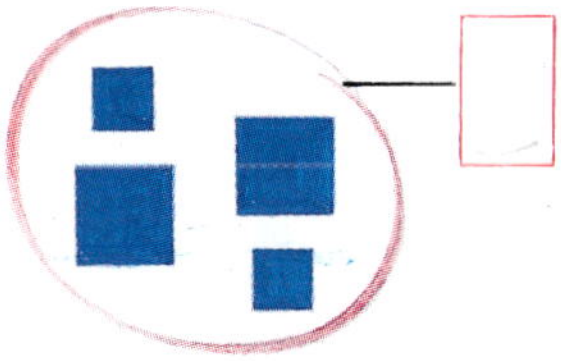

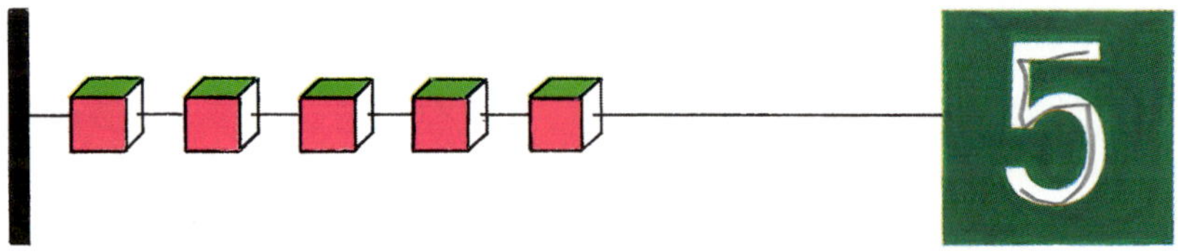
5

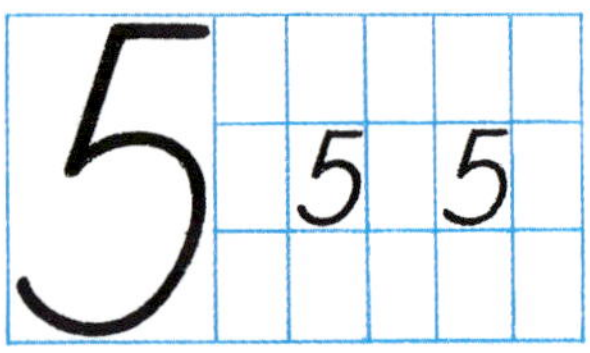
5 5 5

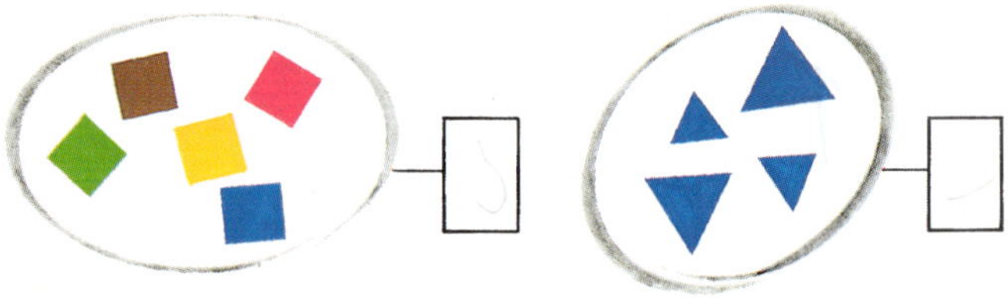

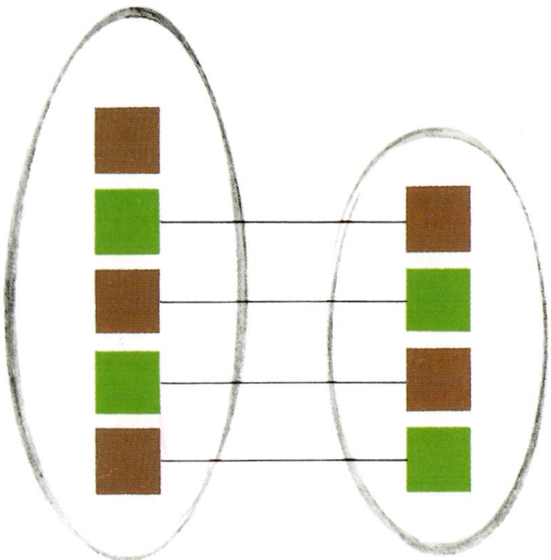

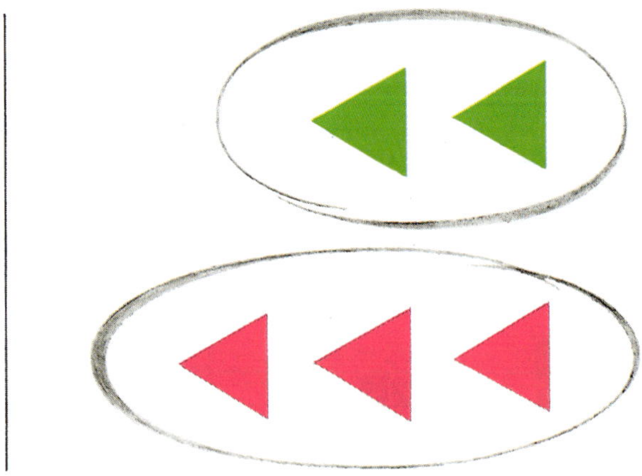

Vergleichen von Zahlen

„ist kleiner als“, „ist größer als“, „ist gleich“

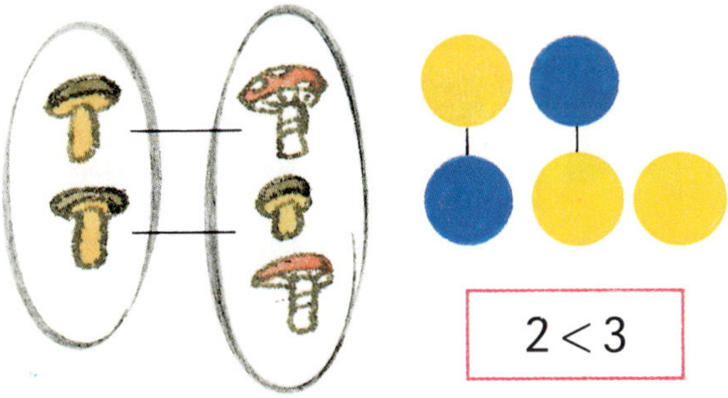

2 < 3

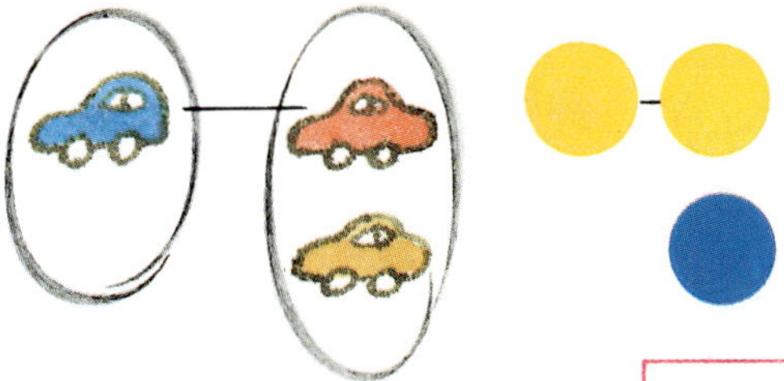

1 < 2

Das ist das Zeichen für „ist kleiner als“.

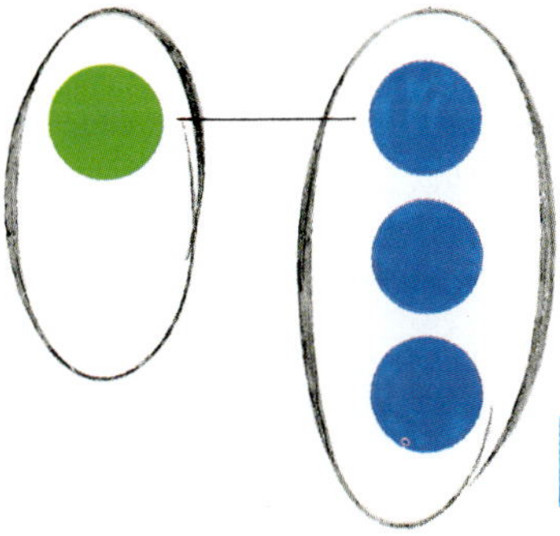

1 < 3

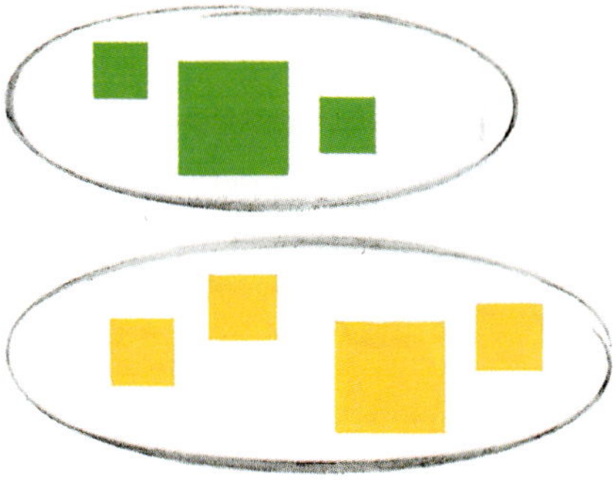

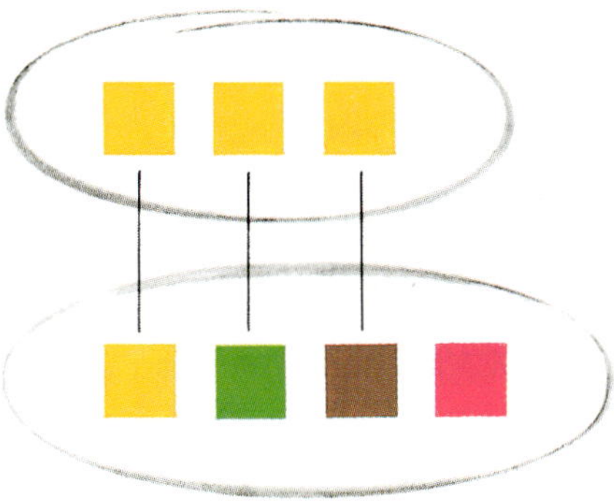

3 < 4

3 > 2

2 > 1

> Das ist das Zeichen für „ist größer als".

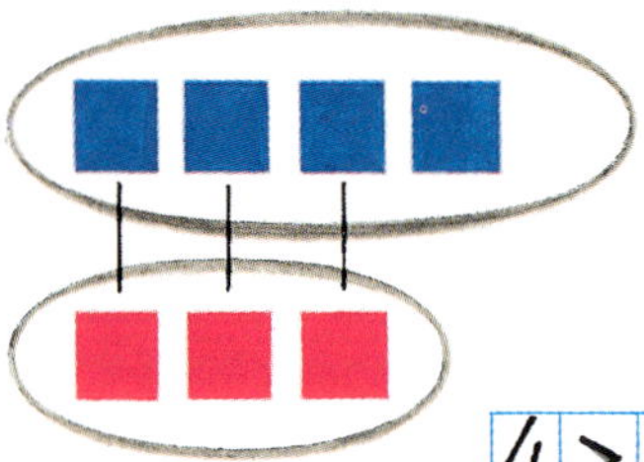

4 > 3

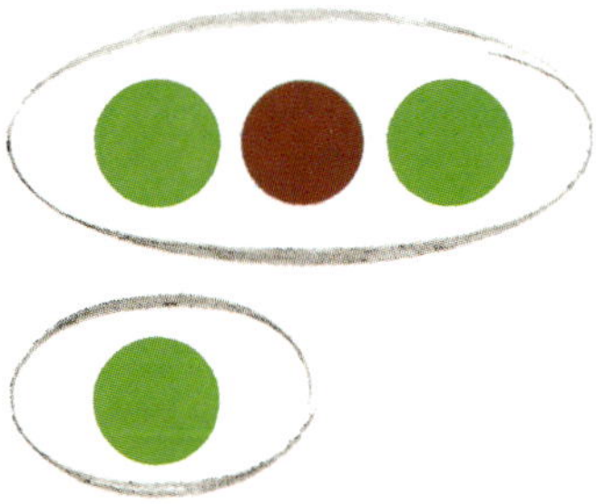

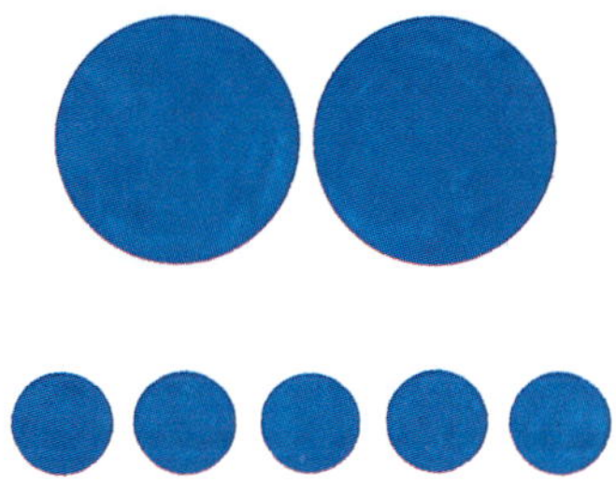

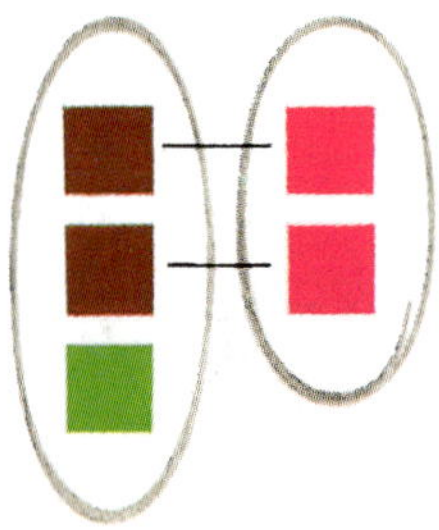

2 < 3
3 > 2

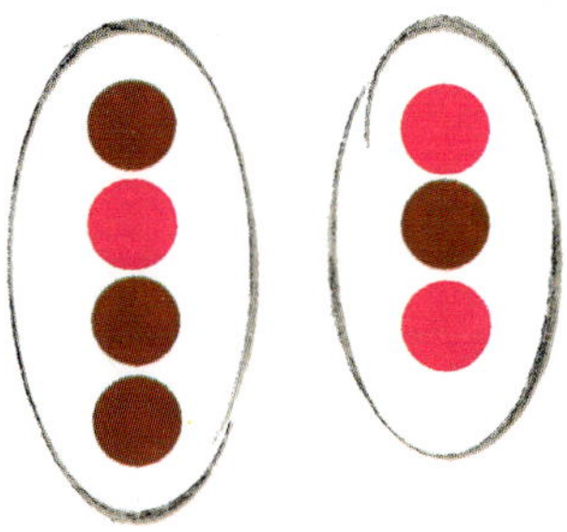

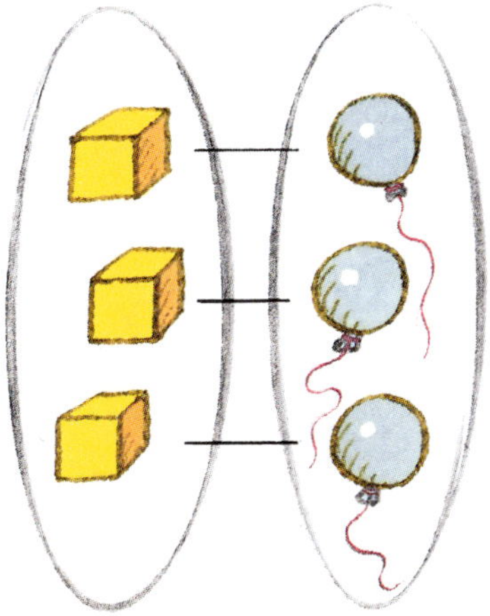

4 = 4

3 = 3

= Das ist das Zeichen für „ist gleich“.

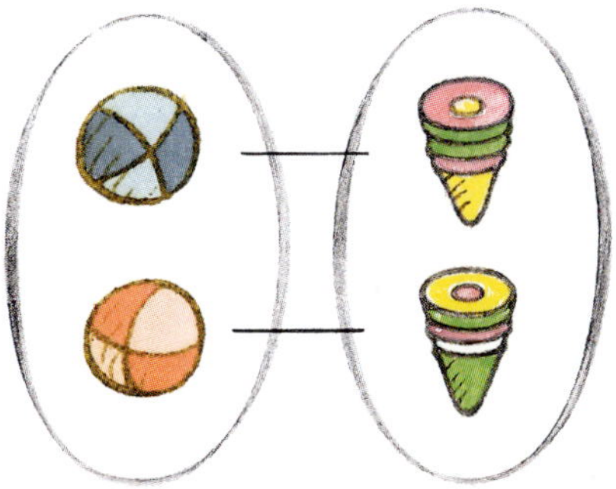

☐ = ☐

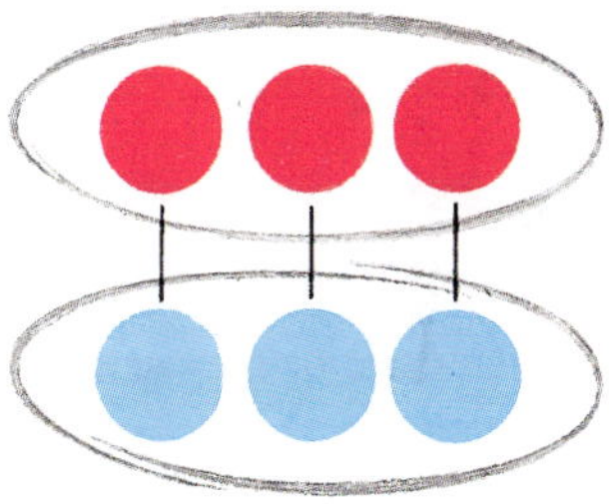

Vergleiche 2 mit 4!

Lege!
Vergleiche!

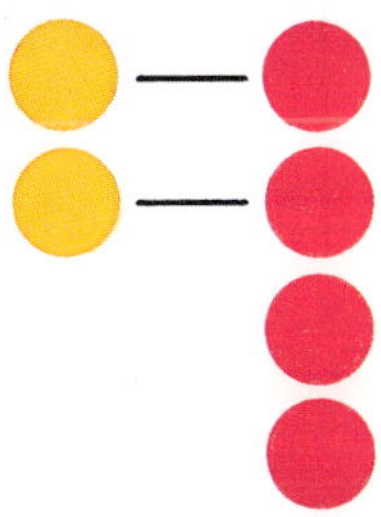

Schreibe! 2 < 4!

4	>	3
5	=	5
3		5
2		2
5		1

2		3
4		2
2		5
1		1
3		4

1 < 2 2 < 3 3 < 4 4 < 5

1 < 2; 2 < 3; 3 < 4; 4 < 5

1 , 2 , 3 , 4 , 5 , … Die Zahlen sind der Größe nach geordnet.

1 = 1	
1 < 2	
1 < 3	
1 < 4	
1 < 5	

①

2	1
2	2
2	3
2	4
2	5

②

3	1
3	2
3	3
3	4
3	5

③

4	1
4	2
4	3
4	4
4	5

④

5	1
5	2
5	3
5	4
5	5

1, 2 , 3 , 4 , 5, …
Der Nachfolger von 3 ist 4. Der Vorgänger von 3 ist 2.

Addieren von Zahlen

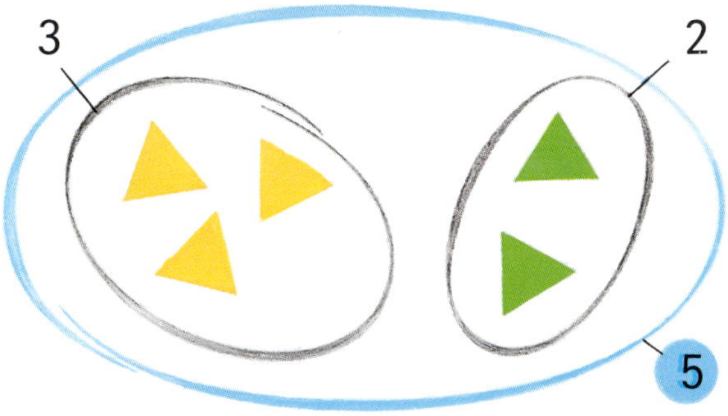

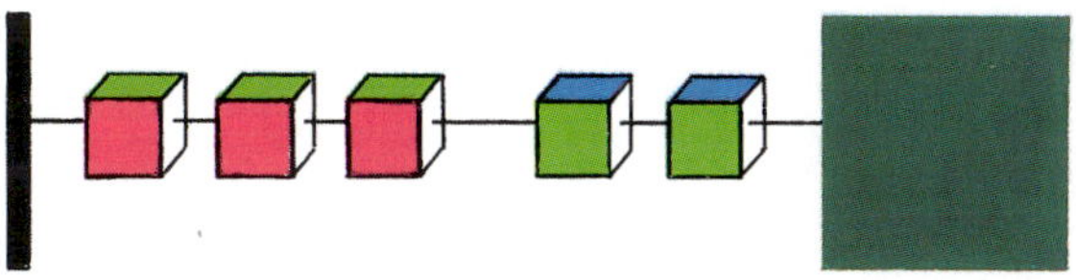

3 2

5

$3 + 2 = 5$

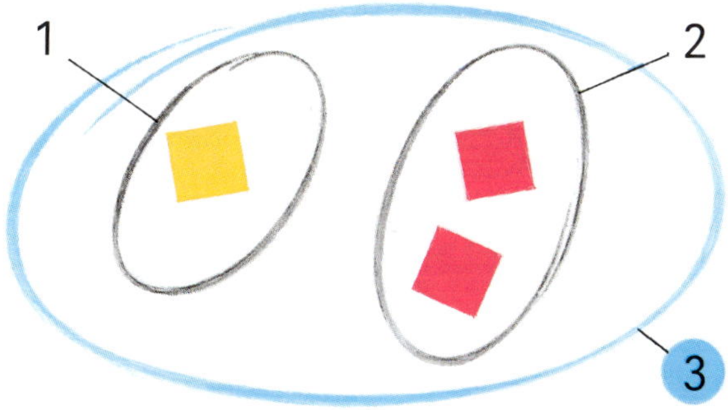

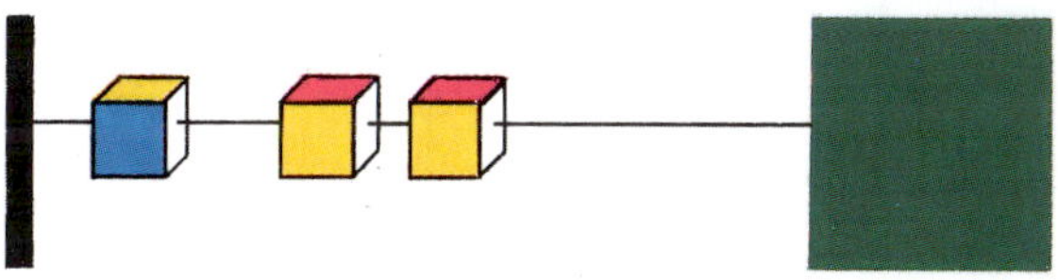

1 2

3

$1 + 2 = 3$

+ Das ist das Zeichen für „plus".

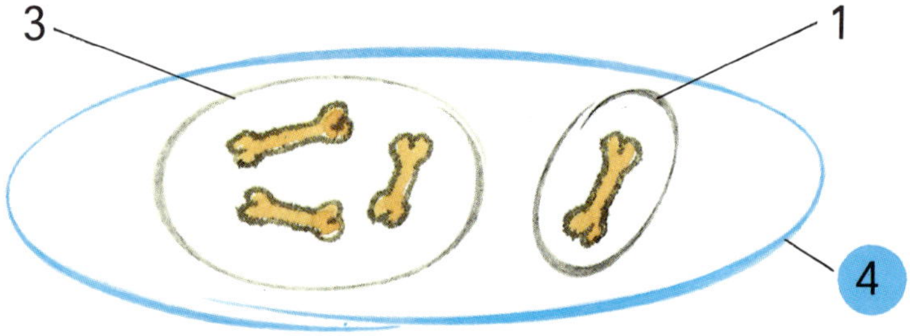

3+1=4

2+1

①

②

③

3 1

4

$3 + 1 = 4$

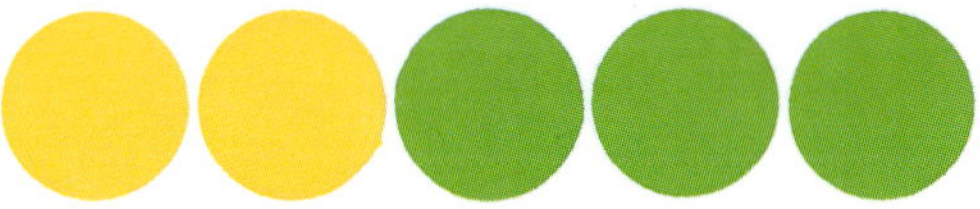

$2 + 3 = 5$

①

②

③

Die Zahlen von 6 bis 10

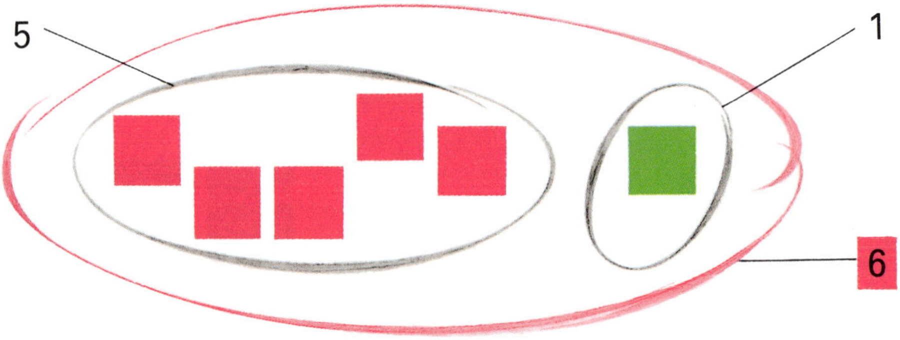

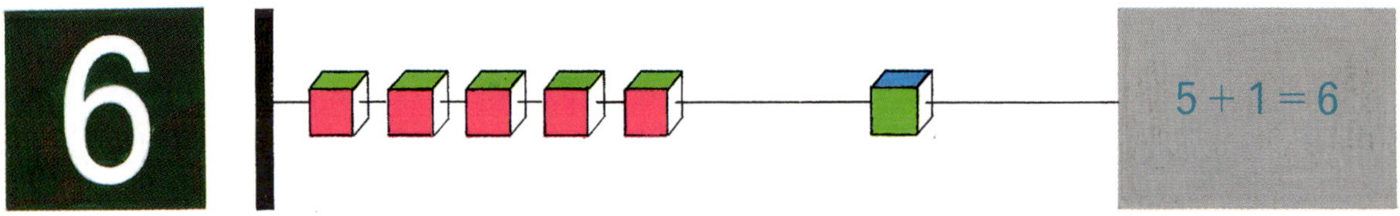

5 + 1 = 6 Der Nachfolger von 5 ist 6.

1 , 2 , 3 , 4 , 5 , 6 , …

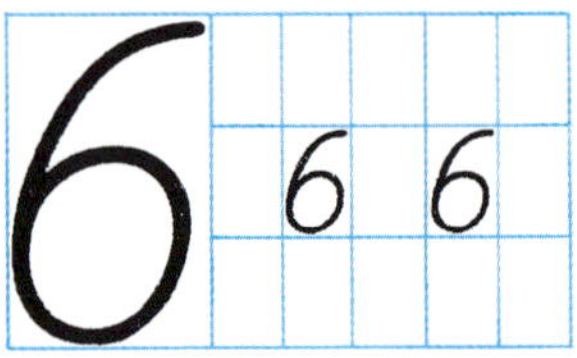

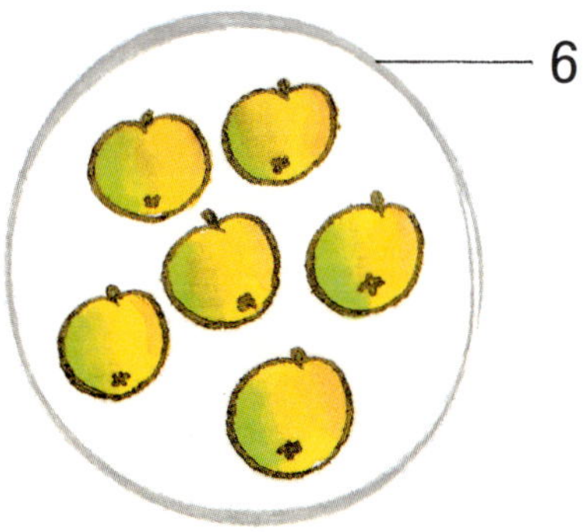

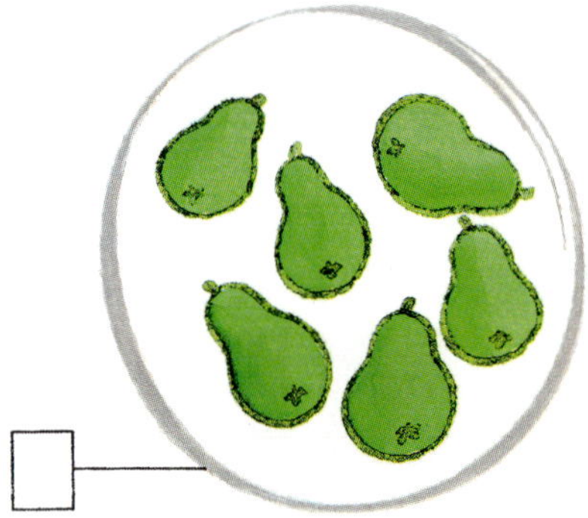

5 < 6

6 > 5

① 

② 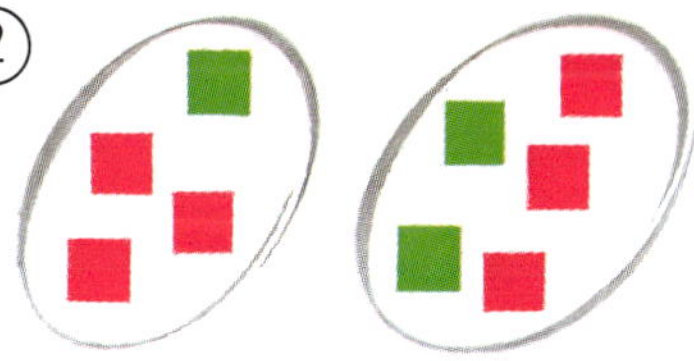

③

	3	<	6	
	6		2	
	6		6	

④

1 6

4 6

6 3

3 + 3 = 6

① 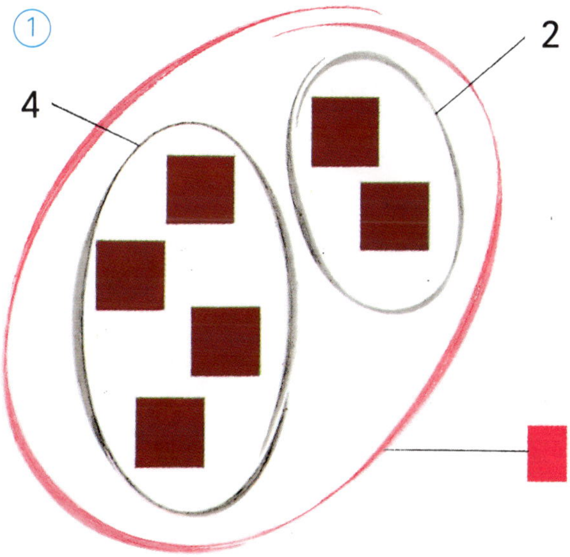

② 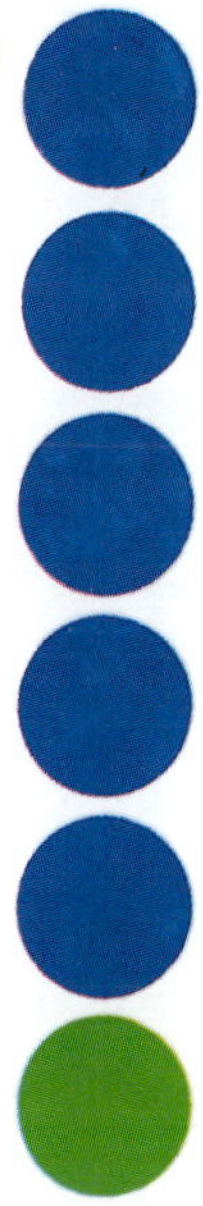

③ 

④ 

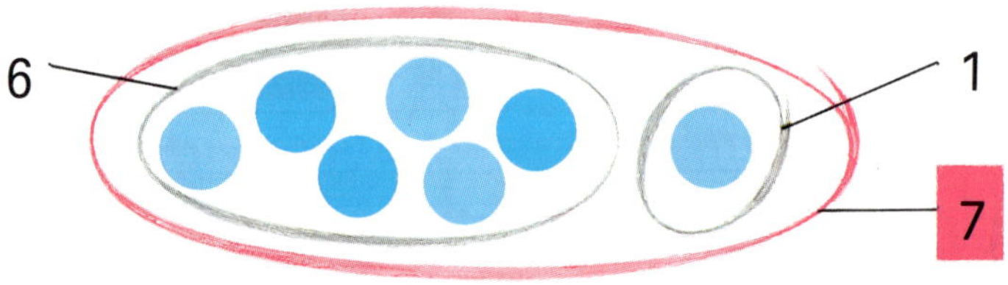

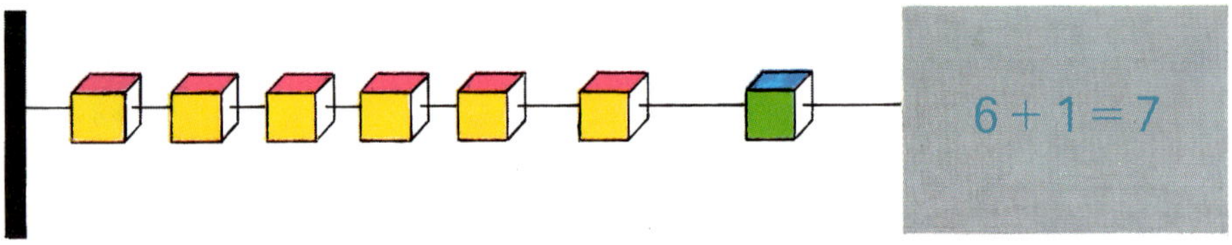

6 + 1 = 7   Der Nachfolger von 6 ist 7.

1, 2, 3, 4, 5, 6, 7, …

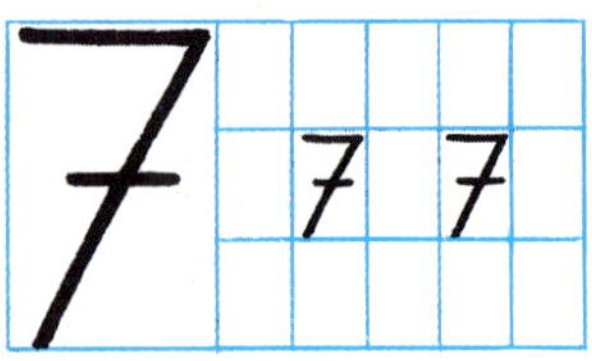

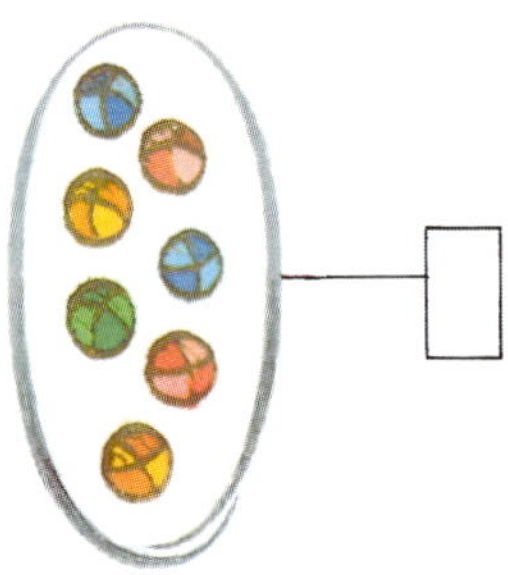

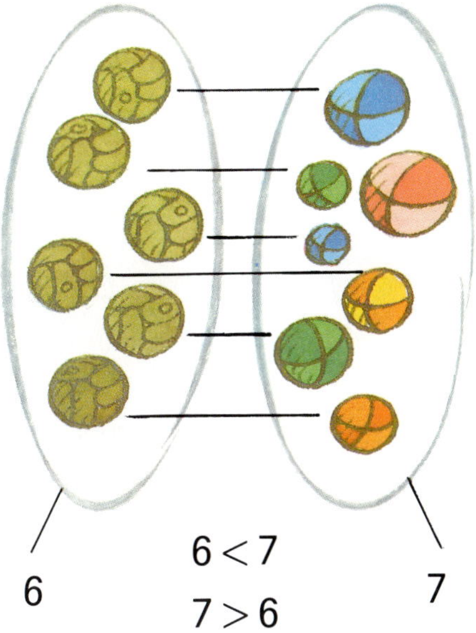

6 < 7

7 > 6

①

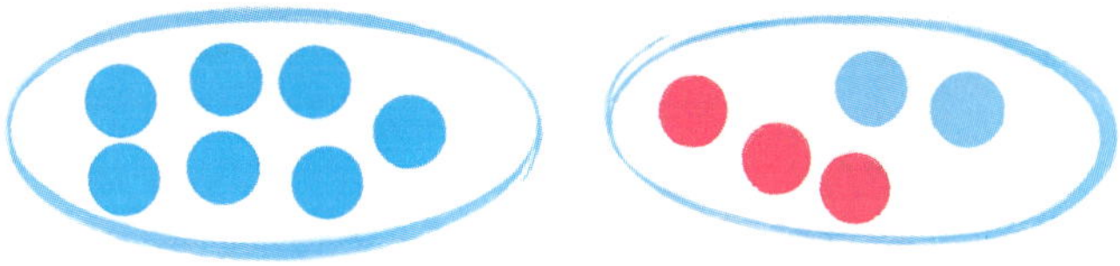

②

③

3 < 7
6   4
7   7
7   5
2   4

①

②

③

4 + 3 = 7

④

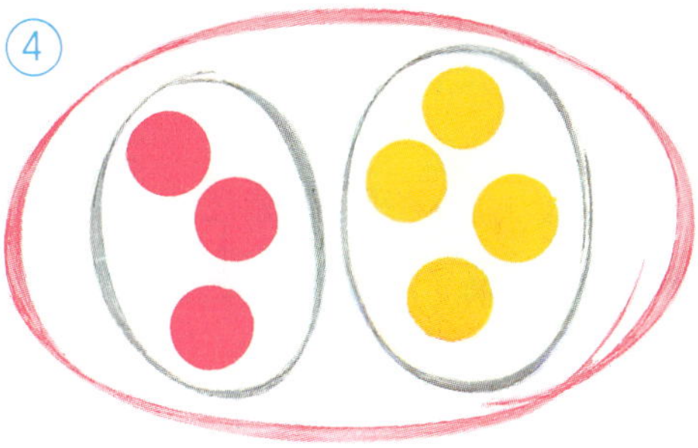

⑤

8

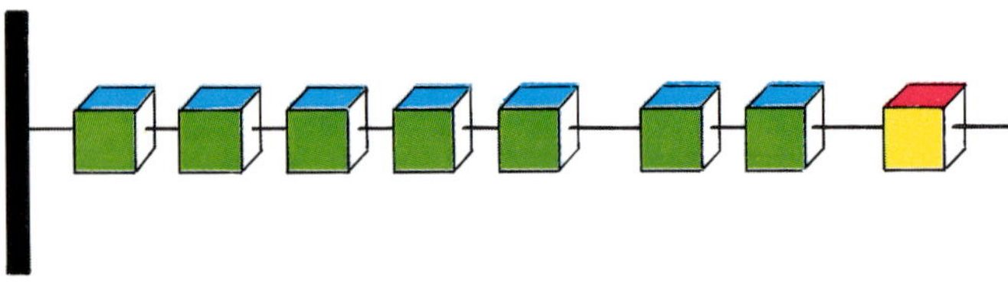

7 + 1 = 8

7 + 1 = 8 Der Nachfolger von 7 ist 8.

1, 2, 3, 4, 5, 6, 7, 8, ...

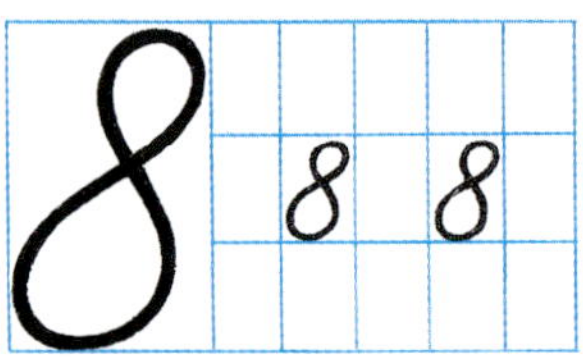

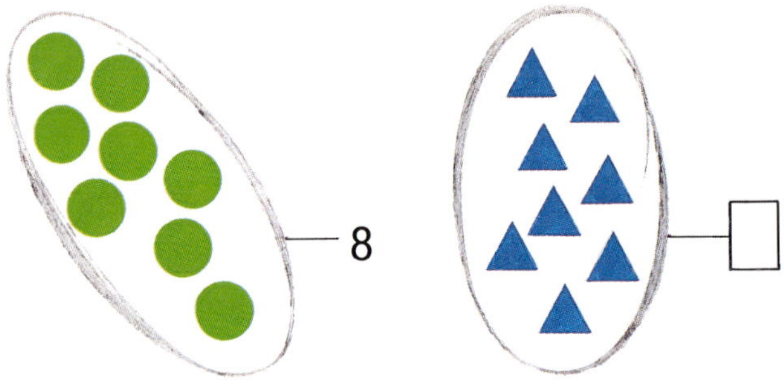

$7 < 8$

$8 > 7$

①

②	
3	8
7	6
8	5
4	8

③	
5	6
8	8
2	8
5	3

$4 + 4 = 8$

④

⑤

⑥

⑦

9

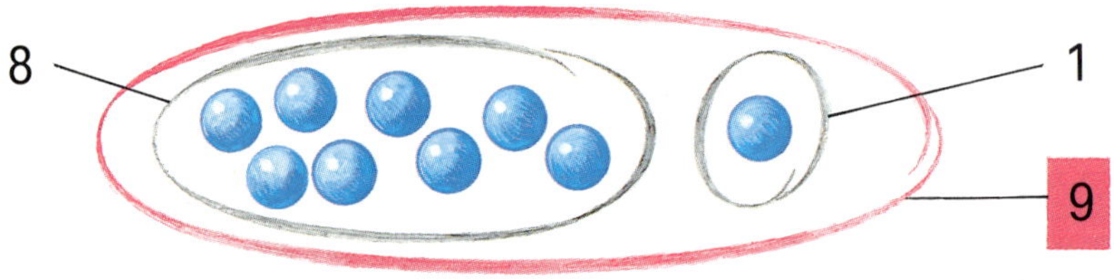

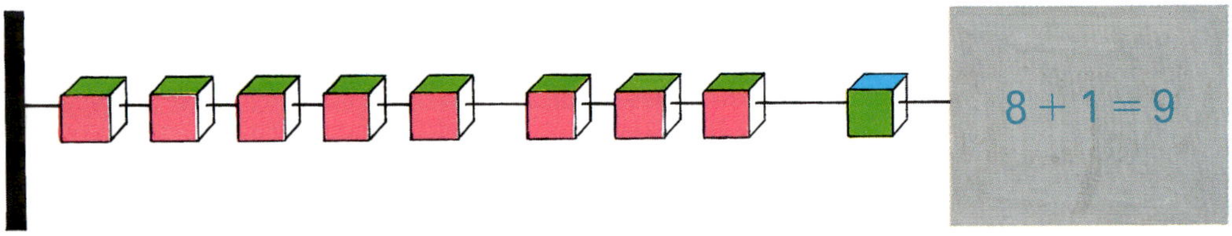

8 + 1 = 9 Der Nachfolger von 8 ist 9.

1, 2, 3, 4, 5, 6, 7, 8, 9, …

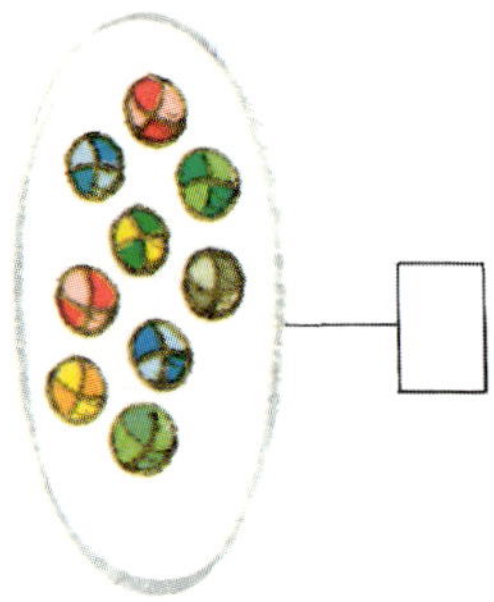

8 < 9

9 > 8

①

② 4 9
9 7
6 9
9 9

③ 5 9
7 4
3 8
9 1

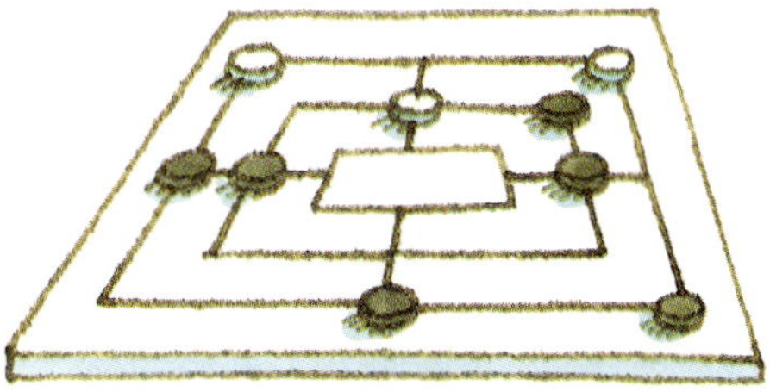

6 + 3 = 9

④

⑤

⑥

⑦

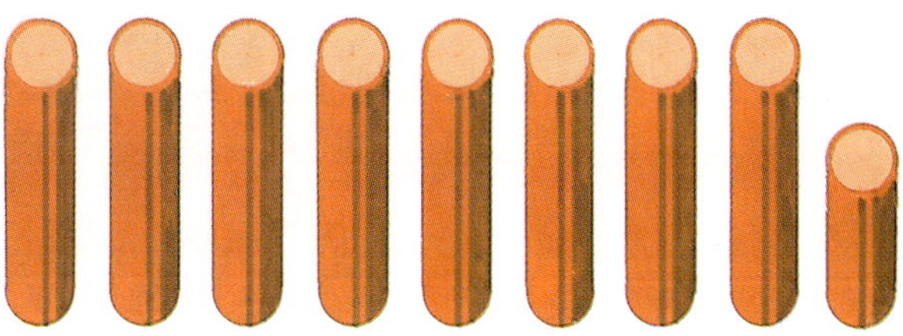

10

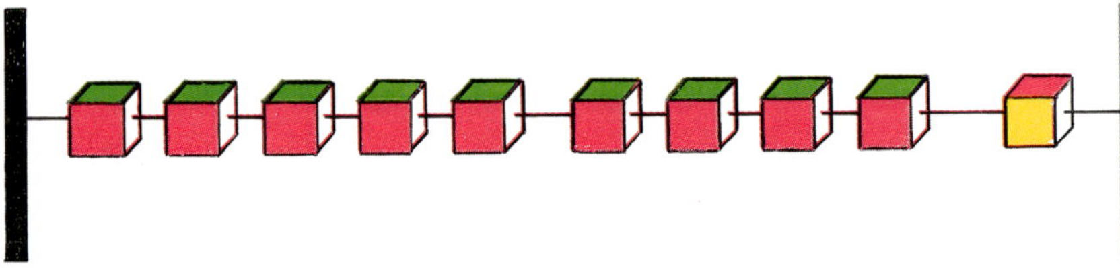

9 + 1 = 10

9 + 1 = 10 Der Nachfolger von 9 ist 10.

1, 2, 3, 4, 5, 6, 7, 8, 9, 10

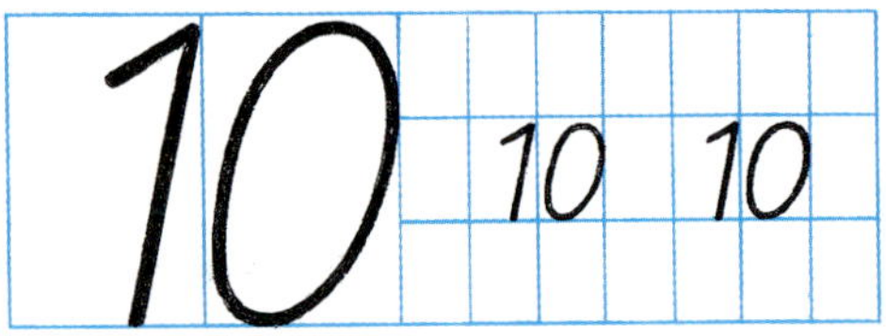

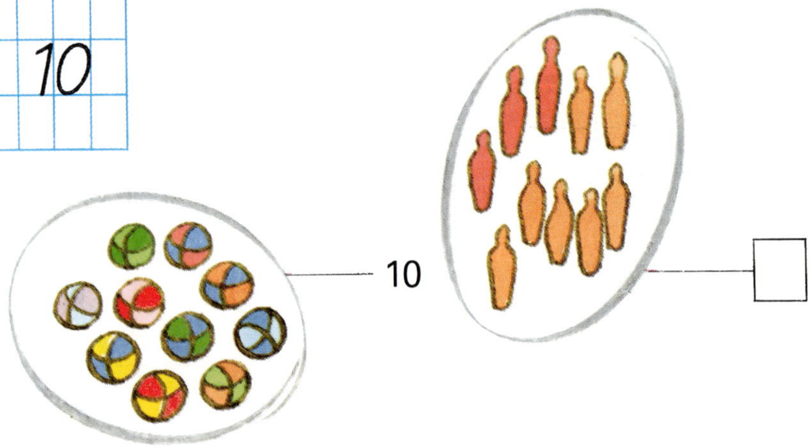

$9 < 10$

$10 > 9$

①

②

10	7
8	10
6	10
10	10

5+5= 10

③

④

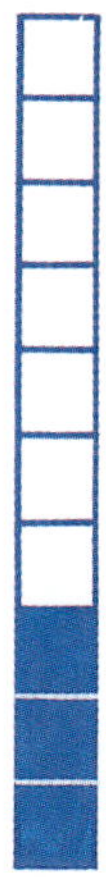

⑤

⑥

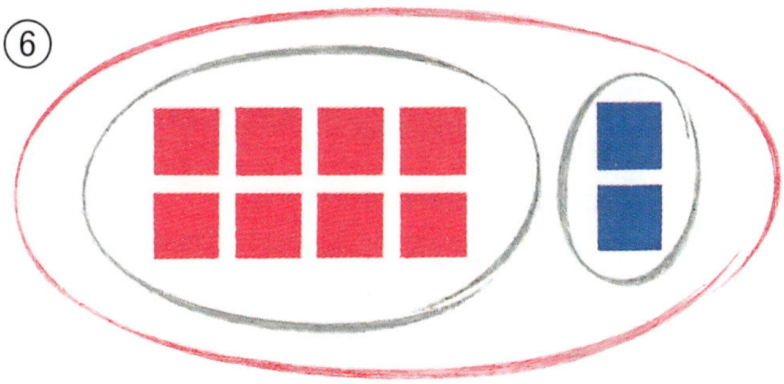

⑦

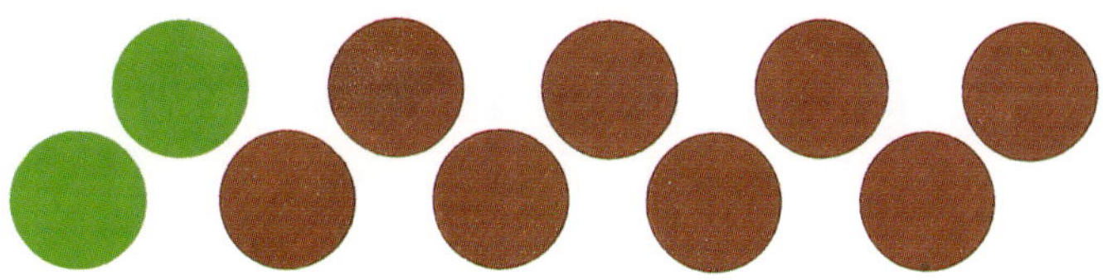

Die Ordnung der Zahlen von 1 bis 10

1 < 2   2 < 3   3 < 4   4 < 5   5 < 6   6 < 7   7 < 8   8 < 9   9 < 10

1, 2, 3, 4, 5, 6, 7, 8, 9, 10, ...

2   5

2 < 5

①	2	8	②	9	5	③	4	2	④	1	7
	4	3		1	4		1	3		4	4
	6	2		3	3		4	8		2	9
	5	2		10	4		10	2		8	9

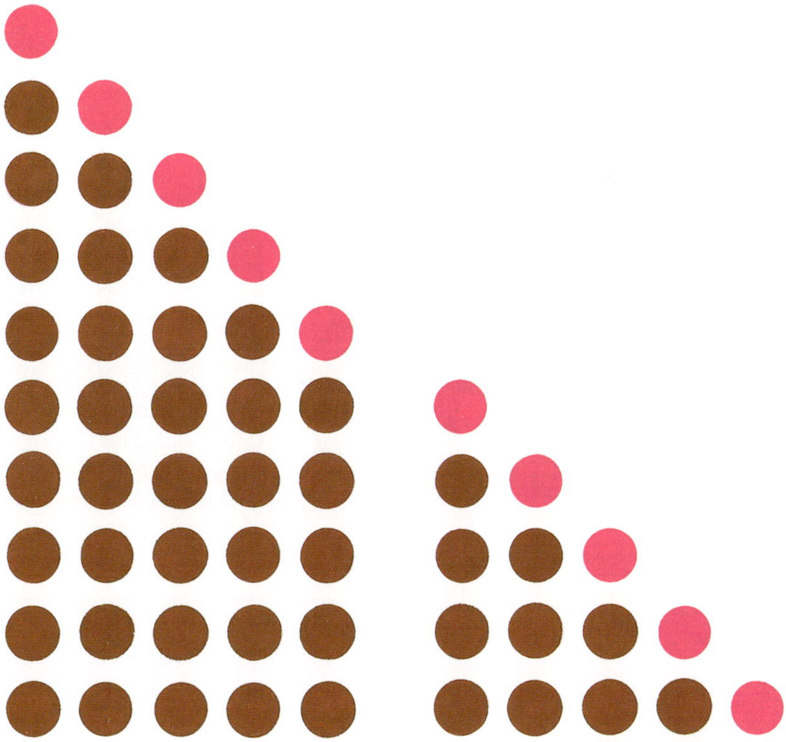

1

$1 + 1 = 2$

$2 + 1 = 3$

$3 + 1$

$4 + 1$

$5 + 1$

$6 + 1$

$7 + 1$

$8 + 1$

$9 + 1$

1	2	3	4	5	6	7	8	9	10

Der Vorgänger von 7 ist 6.

Der Nachfolger von 6 ist 7.

①

			4						

②

							8		

③

	2						8		

④

			4						10

⑤

		3				7			

⑥

	2							9	

⑦

1					6			9	

⑧

		3			6			9	

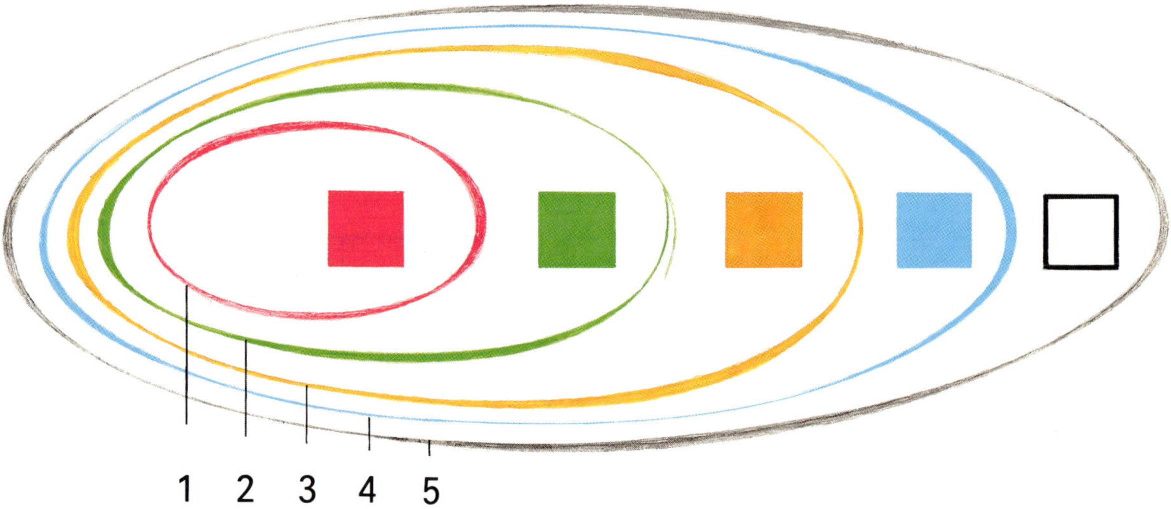

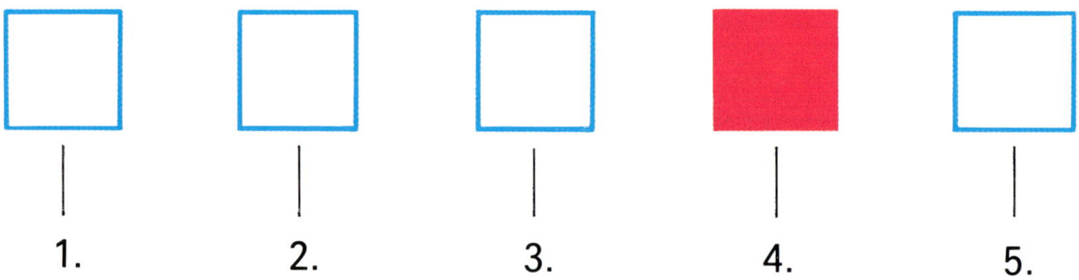

Der erste Ball ist rot.

Der dritte Ball ist blau.

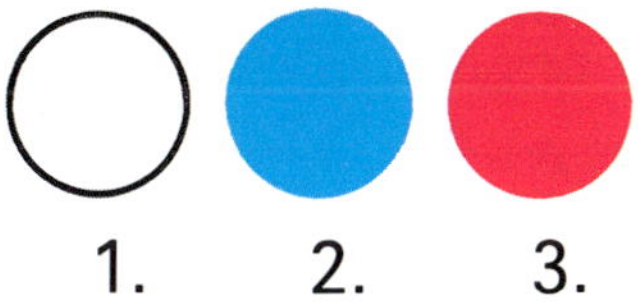

①

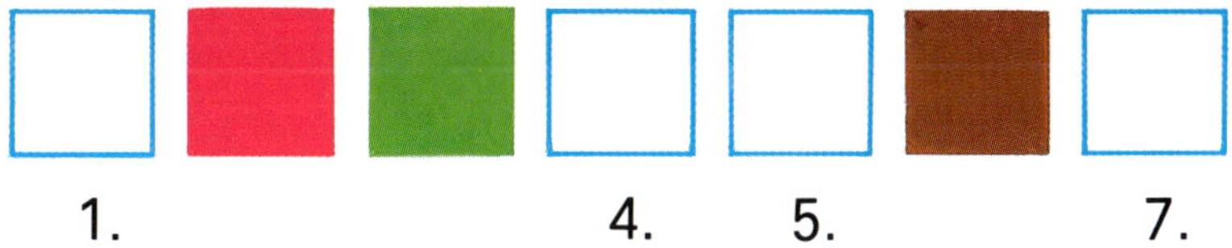

②

③

④

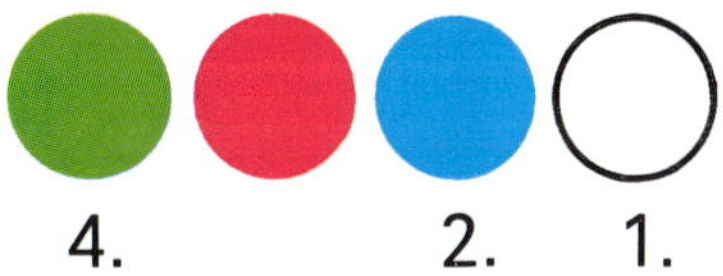

⑤

⑥

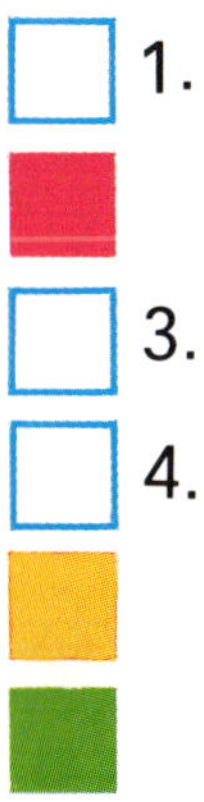

⑦

⑧

Addieren

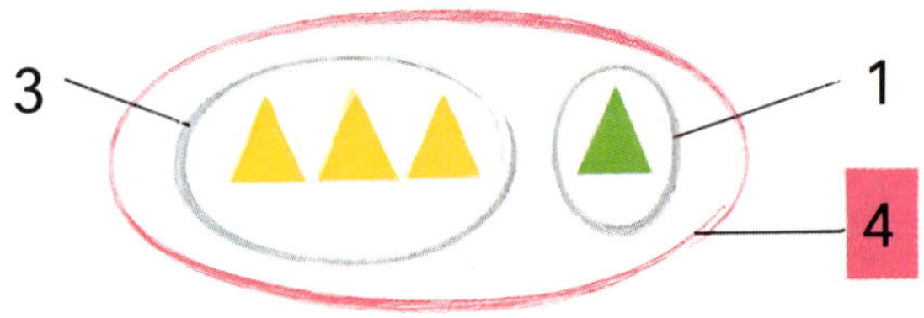

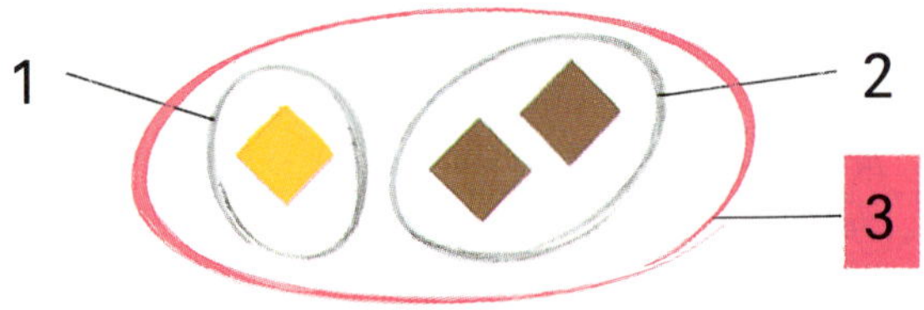

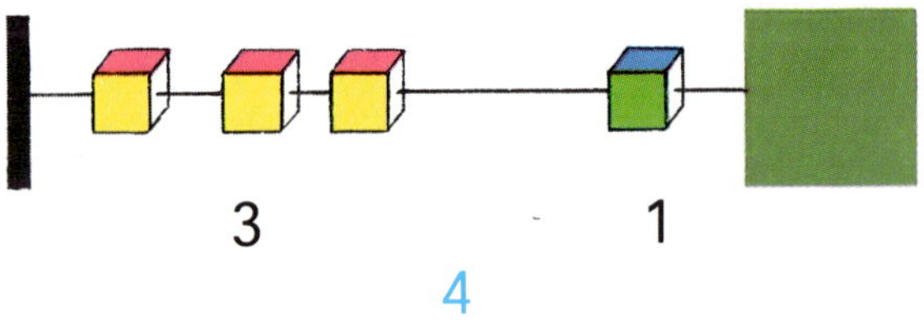

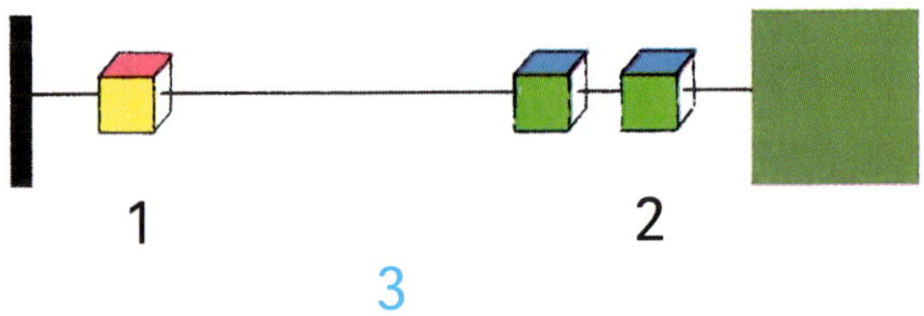

$3 + 1 = 4$

$1 + 2 = 3$

$3 + 1 = 4$ ist eine Gleichung.

Summand		Summand		
3	+	1	=	4
Summe				Summe

2 + 2 = 4

① 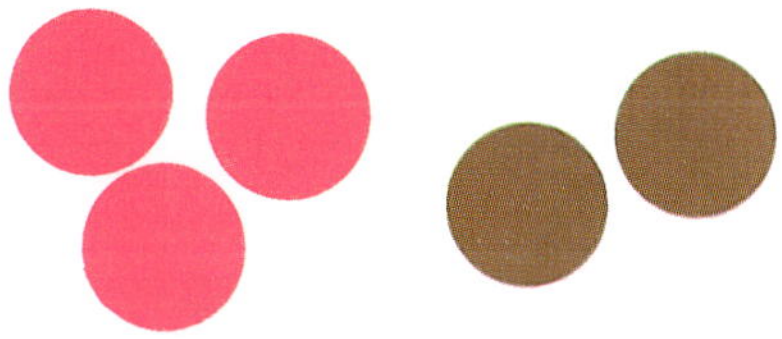

② 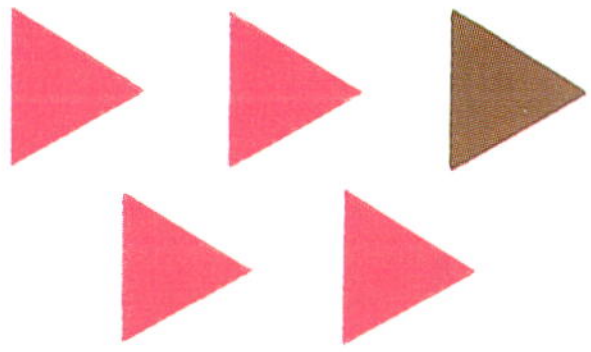

③ 

④ 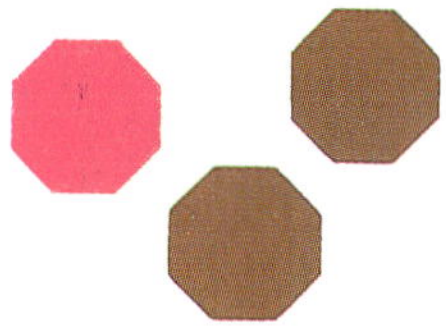

---

1 + 4 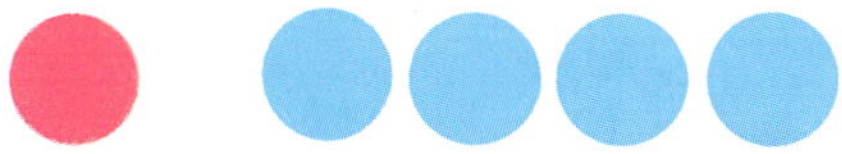 1 + 4 = 5

Rechne!	2 + 3
Lege!	
Lege zusammen!	
Zähle!	5
Schreibe!	2 + 3 = 5
Merke!	2 + 3 = 5

① 1 + 1
2 + 1
3 + 1

② 2 + 2
1 + 4
2 + 3

③ 3 + 1
1 + 2
4 + 1

1 + 1 = 2	1 + 2 = 3	1 + 3 = 4	1 + 4 = 5
	2 + 1 = 3	2 + 2 = 4	2 + 3 = 5
		3 + 1 = 4	3 + 2 = 5
			4 + 1 = 5

④ 1 + 1
2 + 1
3 + 1
4 + 1

⑤ 1 + 2
2 + 2
3 + 2

⑥ 1 + 3 1 + 4
2 + 3

3 = 2 + 1

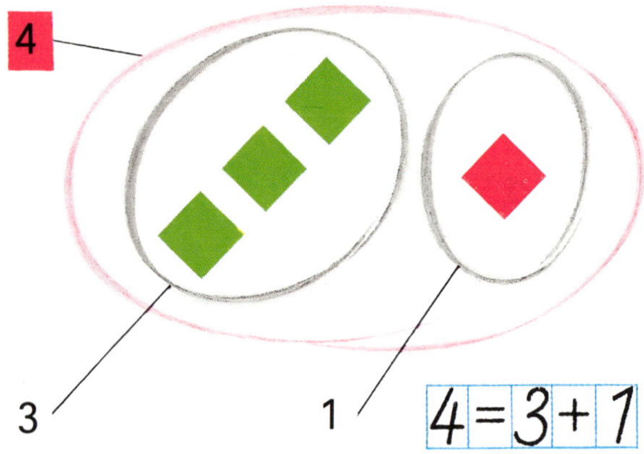

4 = 3 + 1

3 = 1 + 2

①

②

③

④

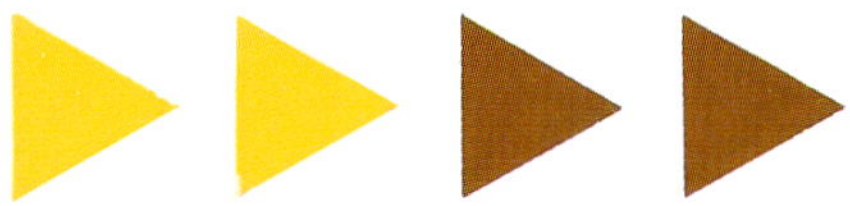

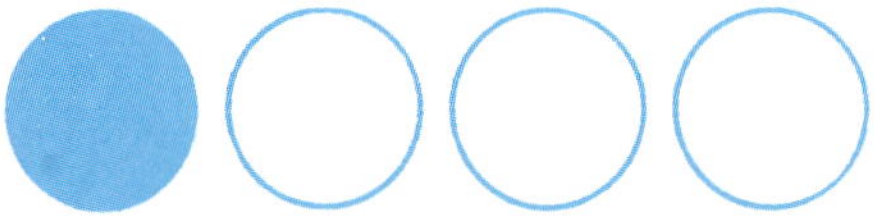

1 + 3 = 4   4 = 1 + 3

⑤

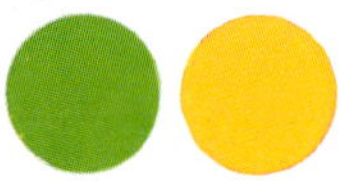

⑥

⑦

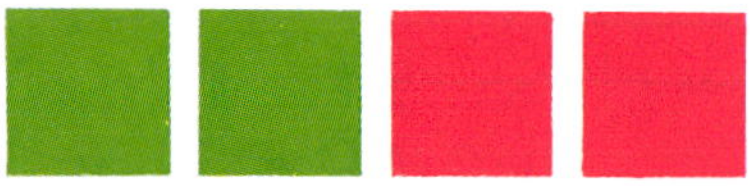

⑧

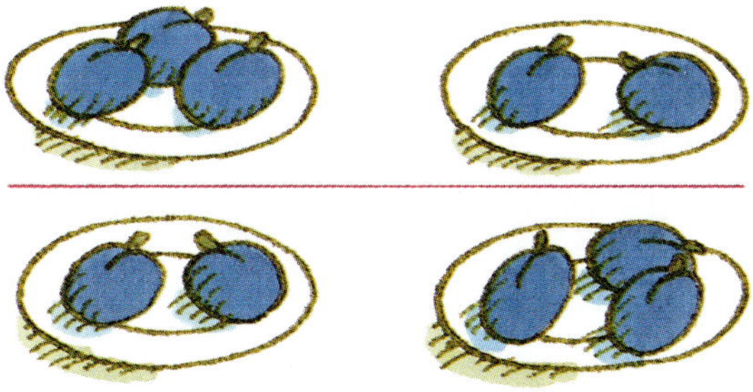

3 + 2 = 5
2 + 3 = 5

4 + 1 = 5
1 + 4 = 5

2 + 1 = 3

1 + 2 = 3

2 + 1 = 1 + 2

3 + 1 = 4

1 + 3 = 4

3 + 1 = 1 + 3

Summanden kann man vertauschen; die Summe ist gleich.

①	②	③	④
2 + 1	4 + 1	3 + 1	2 + 3
1 + 2	1 + 4	1 + 3	3 + 2

Subtrahieren

3 − 1 = 2

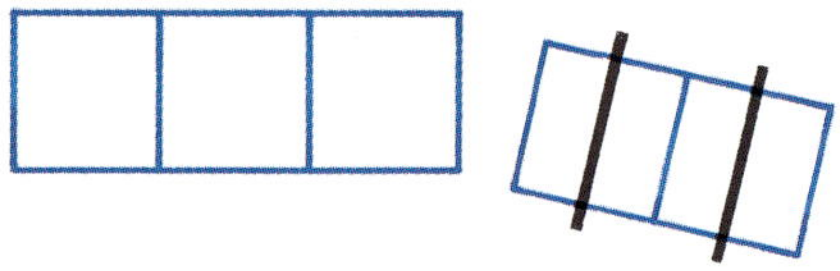

5 − 2 = 3

3 − 1 = 2 5 − 2 = 3

Das sind Gleichungen.

— Das ist das Zeichen für „minus“.

3 − 1 Differenz	=	2 Differenz

①

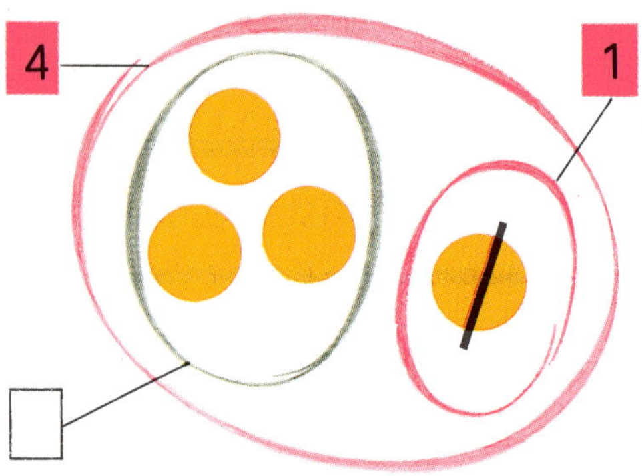

②

4 − 1 = 3

① 

② 

③ 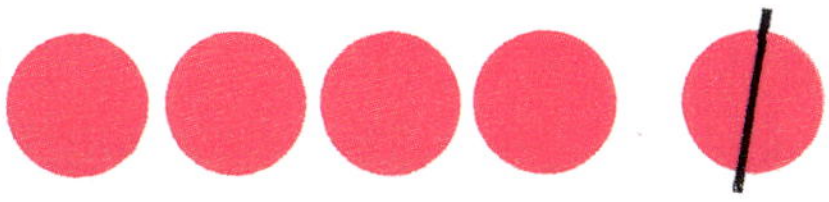

④ 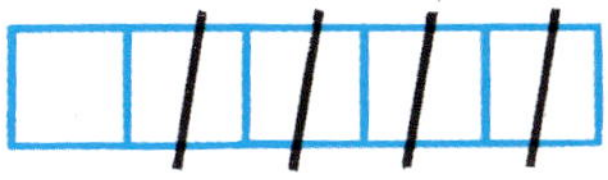

⑤ 

3 − 2 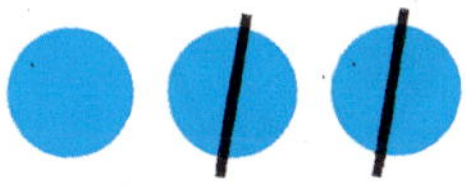 3 − 2 = 1

Rechne!	4 − 1
Lege!	
Nimm fort!	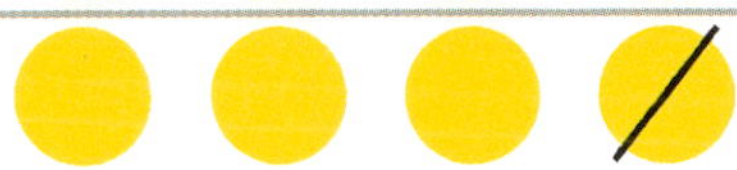
Zähle!	3
Schreibe!	4 − 1 = 3
Merke!	4 − 1 = 3

① 3 − 2
4 − 1
5 − 2

② 2 − 1
4 − 2
5 − 3

③ 5 − 1
4 − 3
3 − 1

2 − 1 = 1	3 − 1 = 2	4 − 1 = 3	5 − 1 = 4
	3 − 2 = 1	4 − 2 = 2	5 − 2 = 3
		4 − 3 = 1	5 − 3 = 2
			5 − 4 = 1

④ 2 − 1
3 − 1
4 − 1
5 − 1

⑤ 3 − 2
4 − 2
5 − 2

⑥ 4 − 3
5 − 3
5 − 4

Addieren und Subtrahieren

3 − 1 = 2

2 + 1 = 3

5 − 1 = 4

4 + 1 = 5

①

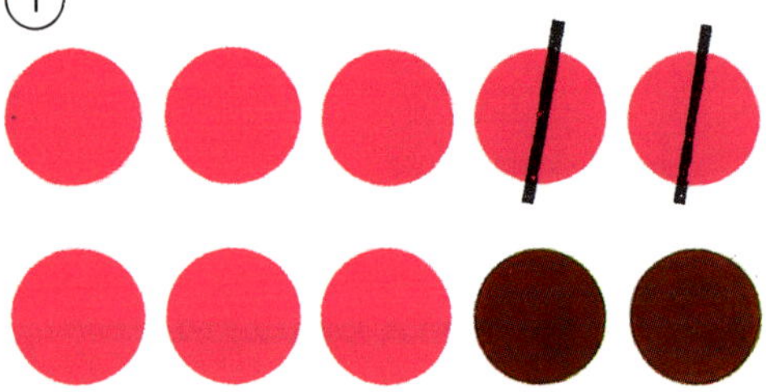

②

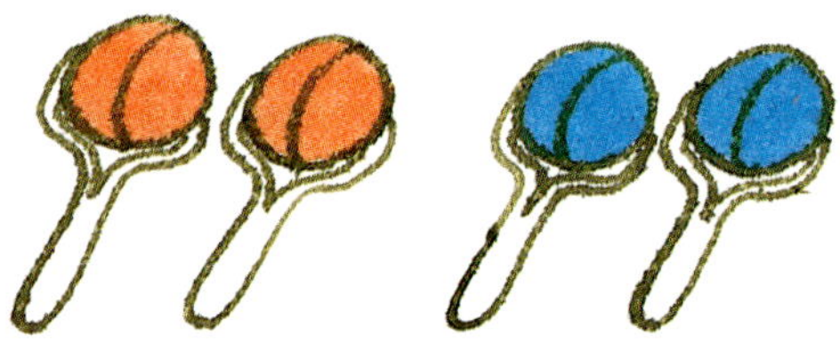

4 − 2 = 2

2 + 2 = 4

③

④

4 − 1 = 3
3 + 1 = 4

① 3 − 1   2 − 1
   2 + 1   1 + 1

② 4 − 3   5 − 4
   3 + 1   4 + 1

5 − 2 = 3
3 + 2 = 5

③ 2 − 1
   5 − 4
   3 − 2

④ 4 − 3
   5 − 4
   5 − 3

⑤ 5 − 3
   5 − 1
   4 − 1

3 < 10
5 = 5
8 > 6

⑥ 10 5
   10 6
   10 2

⑦ 3 10
   4 10
   7 10

⑧ 6 2
   4 4
   7 9

⑨ 9 10
   8 2
   8 8

5 − 1 = 4	4 − 1 = 3	3 − 1 = 2	2 − 1 = 1	
5 − 2 = 3	4 − 2 = 2	3 − 2 = 1		
5 − 3 = 2	4 − 3 = 1			
5 − 4 = 1				
5 − 5 = 0	4 − 4 = 0	3 − 3 = 0	2 − 2 = 0	1 − 1 = 0

0

$0 < 1$	$1 > 0$	1 + 0 = 1	1 − 0 = 1
$0 < 2$	$2 > 0$	2 + 0 = 2	2 − 0 = 2
$0 < 3$		3	3
$0 < 4$		4	4
$0 < 5$		5	5

0, 1, 2, 3, 4, 5, 6, 7, 8, 9, 10

① $0 < 2$ 0 5 3 0 1 0 0 4

0 + 1 = 1	0 + 2 = 2	0 + 3 = 3	0 + 4 = 4	0 + 5 = 5
1 + 0 = 1	1 + 1 = 2	1 + 2 = 3	1 + 3 = 4	1 + 4 = 5
	2 + 0 = 2	2 + 1 = 3	2 + 2 = 4	2 + 3 = 5
		3 + 0 = 3	3 + 1 = 4	3 + 2 = 5
			4 + 0 = 4	4 + 1 = 5
				5 + 0 = 5

1 − 0 = 1	2 − 0 = 2	3 − 0 = 3	4 − 0 = 4	5 − 0 = 5
1 − 1 = 0	2 − 1 = 1	3 − 1 = 2	4 − 1 = 3	5 − 1 = 4
	2 − 2 = 0	3 − 2 = 1	4 − 2 = 2	5 − 2 = 3
		3 − 3 = 0	4 − 3 = 1	5 − 3 = 2
			4 − 4 = 0	5 − 4 = 1
				5 − 5 = 0

② 1 + 0 0 + 3 4 + 0 0 + 5 0 + 2 0 + 0

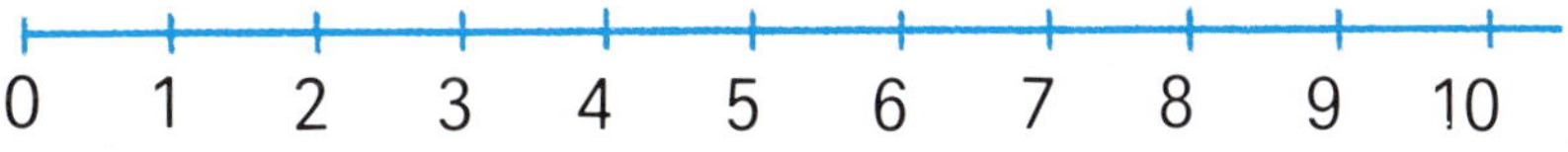

Das ist ein Zahlenstrahl.

3 < 4

① 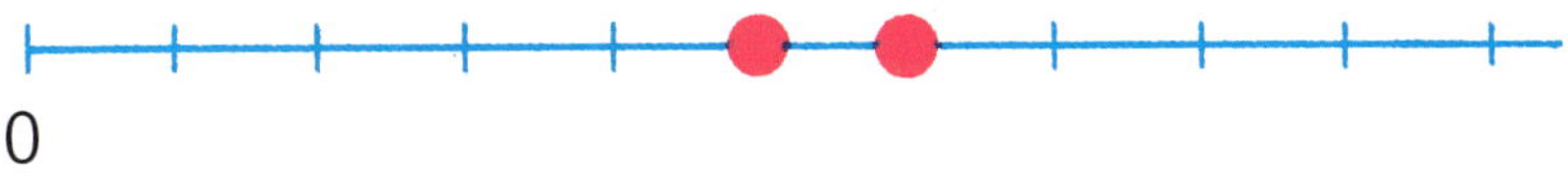

② 

9 > 8

③ 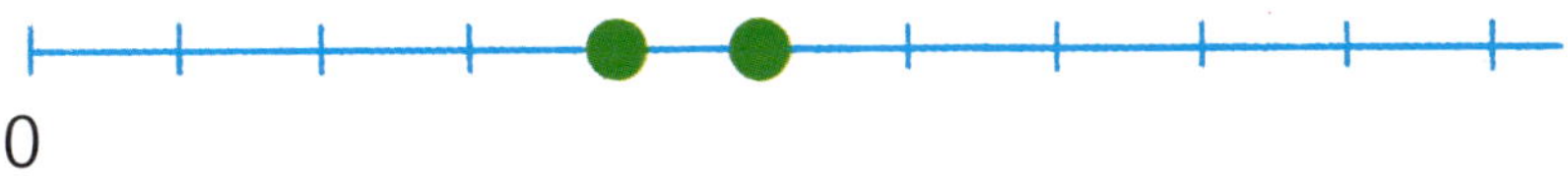

---

④			⑤			⑥			⑦			⑧		
	2	3		7	8		4	3		9	8		3	4
	1	2		9	10		1	0		6	5		8	7

---

⑨ 0 < 1 , 1 < 2 , … , 9 < 10

⑩ 10 > 9 , 9 > 8 , … , 1 > 0

---

① 1 + 2 ② 2 − 1 ③ 1 + 2 ④ 0 + 3 ⑤ 5 − 1
2 + 1 3 − 1 3 + 2 2 + 3 4 − 2
4 + 1 5 − 1 2 + 2 1 + 3 3 − 3
1 + 4 4 − 1 2 + 0 3 + 2 2 − 0

⑥ 5 − 2 ⑦ 4 + 1
4 − 3 3 + 2
2 − 2 5 + 0

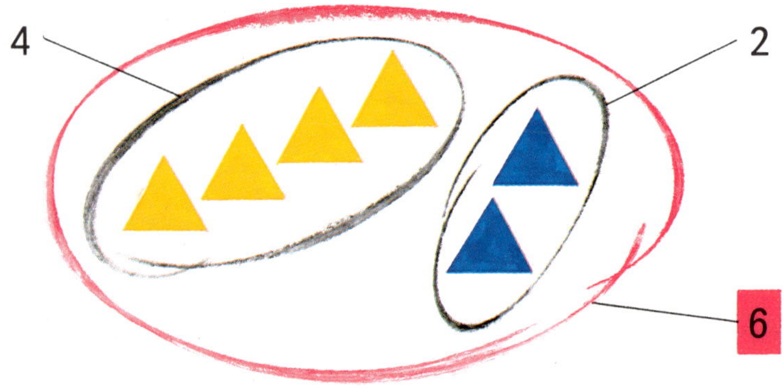

4 + 2 = 6

4 + 2 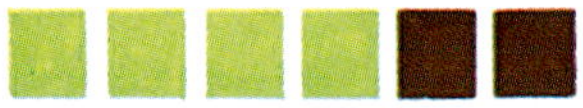

4 + 2 = 6

2 + 4 = 6

3 + 3 

5 + 1

1 + 5

6 + 0

0 + 6

6	4 + 2	2 + 4	5 + 1	1 + 5
	3 + 3		6 + 0	0 + 6

①		②		③		④		⑤	
	4 + 2		0 + 4		1 + 5		4 + 1		0 + 6
	1 + 3		5 + 1		2 + 3		0 + 3		1 + 1
	5 + 0		1 + 4		3 + 1		2 + 2		2 + 1

---

①		②		③		④		⑤		⑥	
	1 + 0		2 + 1		2 + 2		1 + 3		0 + 4		0 + 5
	4 + 0		3 + 1		3 + 2		2 + 3		1 + 4		1 + 5
	6 + 0		5 + 1		4 + 2		3 + 3		2 + 4		0 + 6

---

⑦			⑧			⑨		
	4 + 2	3 + 1		5 + 1	2 + 1		4 + 1	3 + 2
	2 + 4	1 + 3		1 + 5	1 + 2		1 + 4	2 + 3

⑩

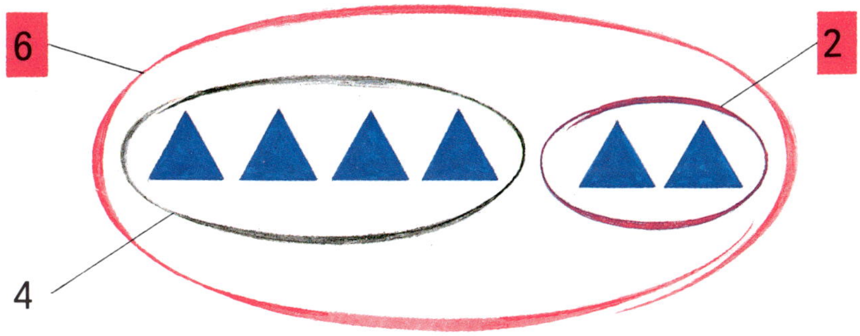

6 − 2 = 4

6 − 2

6 − 2 = 4

6 − 4 = 2

6 − 3

6 − 1   6 − 0

6 − 5

6 − 6

6 − 2	6 − 4	6 − 1	6 − 5
6 − 3		6 − 0	6 − 6

6 − 2

6 − 2 = 4

4 + 2 = 6

6 − 2 = 4

4 + 2 = 6

① 6 − 0
6 − 1
6 − 2
6 − 3
6 − 4
6 − 5
6 − 6

② 6 − 3
6 − 1
6 − 5
6 − 4
6 − 6

③ 4 − 3
2 − 1
6 − 0
5 − 3
6 − 2

6 − 4

4 + 2 = 6

oder

2 + 4 = 6

6 − 4 = 2

6 − 4 = 2

④ 6 − 1
3 − 2
5 − 2
6 − 4
4 − 2

⑤ 3 − 1
6 − 3
5 − 4
4 − 1
6 − 6

4 + 3

4 + 3 = 7

3 + 4 = 7

6 + 1

5 + 2

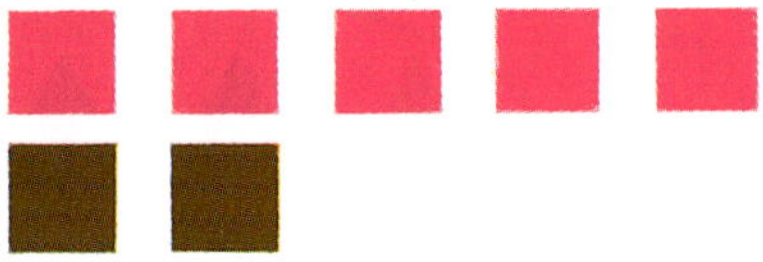

7	5 + 2	2 + 5	6 + 1	1 + 6
	4 + 3	3 + 4	7 + 0	0 + 7

① 2 + 2
5 + 2
4 + 0

② 0 + 7
4 + 1
3 + 2

③ 6 + 0
3 + 4
0 + 5

④ 1 + 4
7 + 0
2 + 5

⑤ 6 + 1
2 + 3
0 + 6

---

①

7 = 6 + 1
7 = 5 + 2
7
7
7
7

②

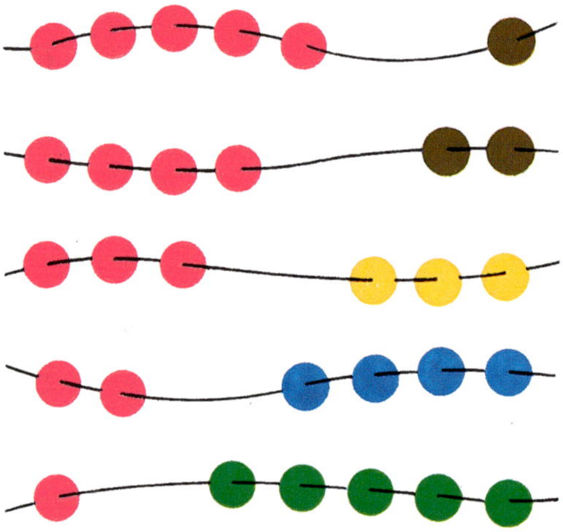

6 = 5 + 1
6
6
6
6

③ 4 = 0 + 4
4 = 1 + 3
4
4
4

④ 3 = 3 + 0
3
3
3

⑤ 2 = 0 + 2
2
2

⑥

7 − 3

7 − 3 = 4

7 − 4 = 3

7 − 1

7 − 2

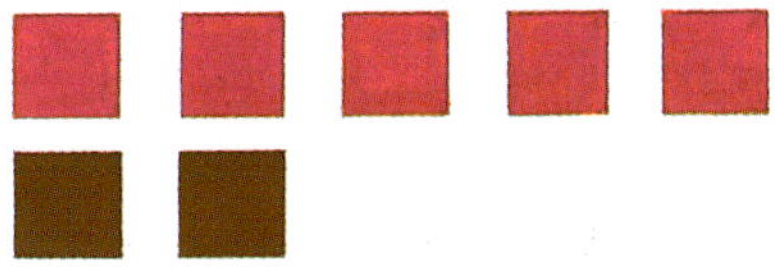

7 − 2	7 − 5	7 − 1	7 − 6
7 − 3	7 − 4	7 − 0	7 − 7

---

①		②	③	④	⑤
7 − 0	7 − 4	7 − 5	4 − 3	7 − 1	7 − 2
7 − 1	7 − 5	5 − 1	7 − 3	3 − 0	3 − 3
7 − 2	7 − 6	2 − 2	1 − 0	5 − 5	6 − 2
7 − 3	7 − 7	7 − 7	2 − 0	7 − 6	7 − 0

---

4 + 3

4 + 3 = 7

4	+	3	=	7
3	+	4	=	7
7	−	3	=	4
7	−	4	=	3

① 6 + 1

② 4 + 2

---

③

Verwenden von Variablen

3 +	2
3 +	4
3 +	1
3 +	3
3 +	*a*

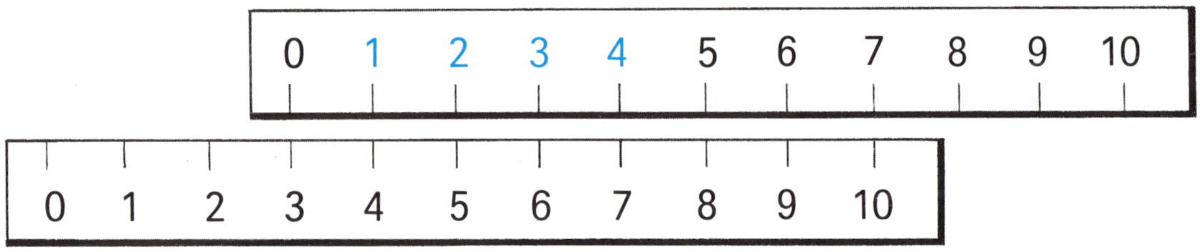

$3 + \mathbf{1}$ $\quad 3 + \mathbf{4}$ $\quad 3 + \mathbf{3}$ $\quad 3 + \mathbf{2}$

$a = 2, \quad 3 + a = 5$
$a = 4, \quad 3 + a = 7$
$a = 1, \quad 3 + a = 4$

$2 + a; \quad a = 3, \quad 2 + a = 5$
$a = 4, \quad 2 + a = 6$

$2 + a; \; a = 1, 2$ $\quad 2 + a = 3$
$2 + a = 4$

---

① $2 + a; \quad a = 4$
$1 + e; \quad e = 3$
$3 + i; \quad i = 1$

② $3 + a; \quad a = 1$
$5 + e; \quad e = 2$
$2 + i; \quad i = 4$

③ $2 + a; \quad a = 0, 4, 5$

④ $3 + a; \quad a = 1, 4, 2$

7 − a	
$a = 2$,	$7 - a = 5$
$a = 3$,	$7 - a = 4$
$a = 4$,	$7 - a = 3$
$a = 5$,	$7 - a = 2$

---

① $5 - a$; $a = 3, 1, 4$ ② $6 - a$; $a = 4, 6, 2$

③ $4 - a$; $a = 2, 0, 3$

④	⑤	⑥	⑦	⑧
4 − 3	6 − 0	6 − 2	5 − 1	7 − 5
6 − 3	6 − 5	5 − 3	4 − 3	3 − 0
2 − 1	5 − 3	3 − 1	6 − 6	5 − 5
6 − 1	6 − 4	3 − 2	6 − 2	7 − 2

---

①	②	③	④	⑤
3 + 3	5 + 1	2 + 3	7 − 1	6 − 4
4 + 3	1 + 6	5 + 2	5 − 2	5 − 3
5 + 0	4 + 2	7 − 6	4 − 3	4 − 4
0 + 7	2 + 5	7 − 4	3 − 3	3 − 0

---

⑥ $5 - a$; $a = 2, 0, 1$

⑦ $2 + a$; $a = 4, 1, 5$

⑧ $3 + a$; $a = 2, 4, 3$

⑨ $7 - a$; $a = 2, 5, 1$

6 + 2

6 + 2 = 8
2 + 6 = 8
8 − 2 = 6
8 − 6 = 2

4 + 4

5 + 3

8	6 + 2	2 + 6	8 − 2	8 − 6
	5 + 3	3 + 5	8 − 3	8 − 5
	4 + 4		8 − 4	
	7 + 1	1 + 7	8 − 1	8 − 7
	8 + 0	0 + 8	8 − 0	8 − 8

①	②	③	④	⑤
5 + 3	4 + 3	5 + 2	0 + 3	1 + 7
1 + 4	0 + 5	4 + 4	7 + 1	0 + 0
8 + 0	2 + 6	0 + 8	3 + 5	6 + 2

⑥	⑦	⑧	⑨	⑩
8 − 8	5 − 4	8 − 3	8 − 4	0 − 0
5 − 5	8 − 5	8 − 0	8 − 2	8 − 7
8 − 1	7 − 0	7 − 7	5 − 0	8 − 6

① 5 + 3
3 + 5
8 − 3
8 − 5

② 6 + 1

③ 4 + 3

④ 6 + 2

⑤ 3 + 2

①	②	③	④	⑤
2 + 2	6 − 2	1 + 1	4 + 1	8 − 1
5 + 2	2 − 2	2 + 2	4 + 2	8 − 2
1 + 2	5 − 2	3 + 3	4 + 3	8 − 3
6 + 2	8 − 2	4 + 4	4 + 4	8 − 4

①

○○○○○ ○○●	8 = 7 + 1	○○○●● ●●●	8
○○○○○ ○●●	8 = 6 + 2	○○●●● ●●●	8
○○○○○ ●●●	8	○●●●● ●●●	8
○○○○● ●●●	8		

6 < 8; 6 + 2 = 8
4 < 7; 4 + 3 = 7
3 < 6; 3 + 3 = 6

8 > 6; 6 + 2 = 8
7 > 4; 4 + 3 = 7
6 > 3; 3 + 3 = 6

②		③		④	
5	8	2	5	3	8
2	4	1	7	0	3
3	7	4	6	4	8

⑤		⑥		⑦	
8	5	5	0	8	3
4	2	7	1	3	1
7	3	6	4	8	4

6 + 3

6 + 3 = 9

3 + 6 = 9

9 − 3 = 6

9 − 6 = 3

7 + 2

5 + 4

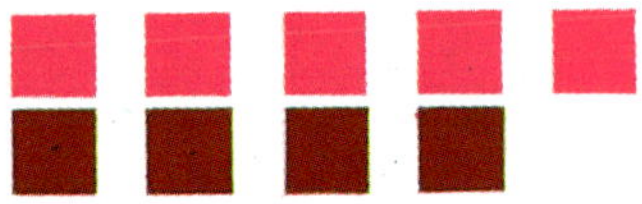

9				
	7 + 2	2 + 7	9 − 2	9 − 7
	6 + 3	3 + 6	9 − 3	9 − 6
	5 + 4	4 + 5	9 − 4	9 − 5
	8 + 1	1 + 8	9 − 1	9 − 8
	9 + 0	0 + 9	9 − 0	9 − 9

①	②	③	④	⑤	⑥
6 + 2	2 + 5	9 − 4	8 − 4	6 + 3	9 − 5
4 + 5	5 + 4	8 − 8	9 − 0	9 − 6	2 + 7
1 + 2	1 + 8	5 − 4	4 − 3	8 − 7	6 − 6
0 + 9	3 + 4	9 − 1	9 − 8	0 + 8	9 + 0

①

②

③	④	⑤	⑥	⑦	⑧
9 − 3	2 + 6	9 − 7	9 − 5	0 + 6	9 − 4
5 + 3	8 − 1	2 + 7	8 − 5	1 + 6	8 − 4

① 

9 = 8 + 1

9

9

9

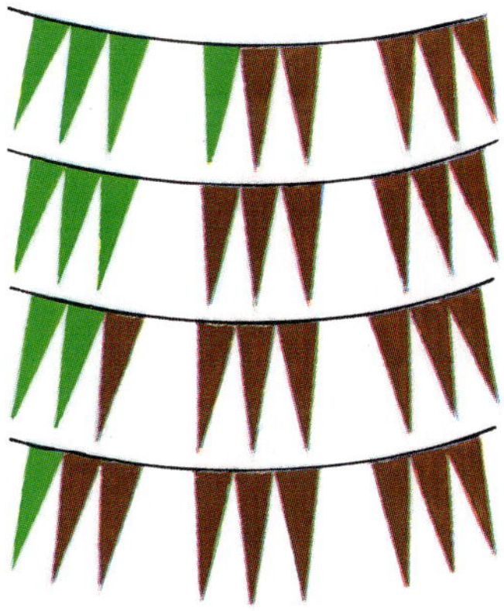

9

9

9

9

② Summe 9

5 + 4 = 9
2 + 7

③ Summe 7

6 + 1 = 7

④ Summe 8

⑤ Summe 6

⑥ Summe 4

⑦ Summe 5

①  

② 9 − 6
9 − 4
9 − 7
9 − 9

③ 9 − 2
9 − 8
9 − 5
9 − 3

④ 8 + 1
1 + 8
9 − 1
9 − 8

⑤ 5 + 4

⑥ 6 + 3

⑦  

$e+4$

$e=3,\quad e+4=7$
$e=1,\quad e+4=5$
$e=4,\quad e+4=8$
$e=2,\quad e+4=6$

e	$e+4$
3	7
1	5
4	8
2	6

$i-4$

$i=8,\quad i-4=4$
$i=5,\quad i-4=1$
$i=6,\quad i-4=2$
$i=4,\quad i-4=0$

i	$i-4$
8	4
5	1
6	2
4	0

---

a	$a+3$
3	6
2	5
0	3
1	4
4	7

①

e	$e+2$
3	
4	
1	
0	
5	

a	$a-3$
8	5
2	–
3	0
1	–
5	2

②

a	$a-4$
6	
4	
7	
5	
8	

③ $a+5;\quad a=1, 0, 3$
$a+4;\quad a=3, 4, 2$
$a+6;\quad a=2, 0, 1$

④ $a-7;\quad a=8, 9$
$a-3;\quad a=6, 5$
$a-2;\quad a=7, 4$

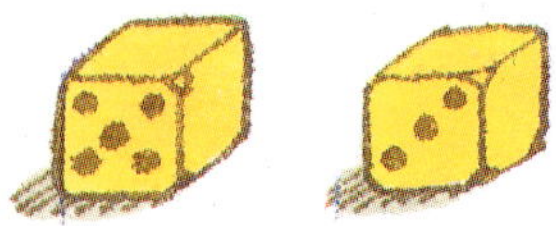

$3 + a = 5$
$a = 2$

$5 + a = 7$
$a = 2$

$5 - i = 3$
$i = 2$

---

① $3 + i = 6$; $2 + e = 3$; $5 + a = 8$

② $7 - a = 5$; $8 - e = 6$; $4 - i = 1$

③ $7 + e = 8$; $4 + a = 6$; $5 + e = 8$

④ $8 - i = 4$; $6 - a = 2$; $7 - e = 3$

⑤	⑥	⑦	⑧	⑨
8 − 8	8 − 3	7 − 6	3 + 1	5 + 2
8 − 7	8 − 2	5 + 3	7 − 0	7 − 4
8 − 6	8 − 1	7 − 1	2 + 0	4 + 4
8 − 5	8 − 0	4 + 2	1 + 0	7 − 5
8 − 4	7 − 7	7 − 3	7 − 6	7 − 2

8 + 2

8 + 2 = 10

2 + 8 = 10

10 − 2 = 8

10 − 8 = 2

5 + 5

6 + 4

10

8 + 2	2 + 8	10 − 2	10 − 8
7 + 3	3 + 7	10 − 3	10 − 7
6 + 4	4 + 6	10 − 4	10 − 6
5 + 5		10 − 5	
9 + 1	1 + 9	10 − 1	10 − 9
10 + 0	0 + 10	10 − 0	10 − 10

---

①	②	③	④	⑤
4 + 5	5 + 5	5 − 4	3 − 0	6 + 4
7 + 3	8 + 0	10 − 5	10 − 9	10 − 7
1 + 9	9 + 1	10 − 8	10 − 1	2 + 8

⑥	⑦	⑧	⑨	⑩
2 − 1	9 − 4	0 + 9	7 + 2	1 − 1
10 − 3	10 − 4	8 + 2	5 + 0	4 + 6
7 − 4	8 − 4	7 + 1	3 + 7	10 − 2
10 − 6	4 − 4	5 + 4	2 + 6	1 + 7

(1)

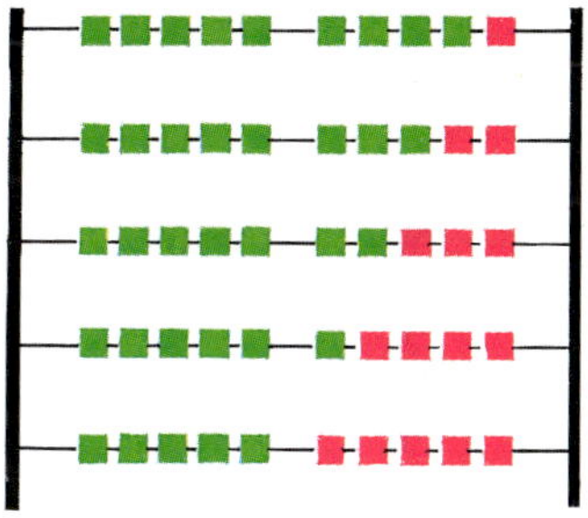

10 = 9 + 1
10
10
10
10

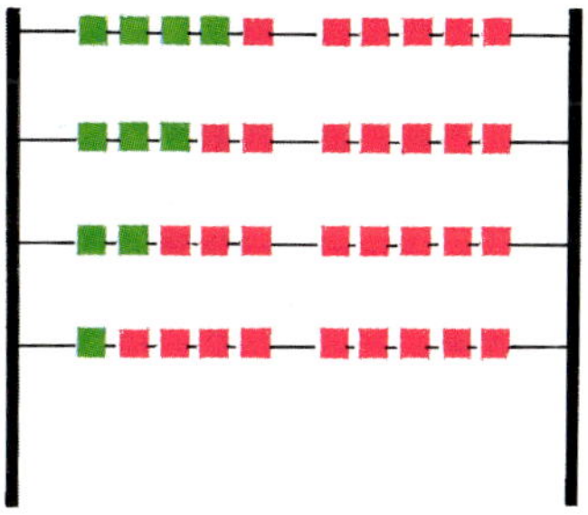

10
10
10
10

---

(2) 8 = 5 + 3
8
8
8

(3) 9 = 5 + 4
9
9
9

(4) 7 + 3
3 + 7
10 − 3
10 − 7

(5) 6 + 4

(6) 8 + 2

(7)

Differenz
2
5 − 3 = 2
10 − 8

(8)

Differenz
4
6 − 2 = 4

(9)

Differenz
1

Differenz
6

(10)

Differenz
3

Differenz
5

(1) 7 − 4
8 − 7
10 − 7

(2) 5 + 4
8 + 2
3 + 6

(3) 5 + 1
2 − 2
3 + 4

(4) 8 − 1
10 − 2
5 + 5

(5) 10 − 10
10 − 6
10 − 3

---

(6)

$0<3$	$4>0$
$1<3$	$4>1$
$2<3$	$4>2$
	$4>3$

①		②		③		④	
0	5	6	0	0	7	8	0
1	5	6	1	1	7	8	1
2	5	6	2	2	7	8	2
3	5	6	3	3	7	8	3
4	5	6	4	4	7	8	4
		6	5	5	7	8	5
				6	7	8	6
						8	7

$4<5$; $6>5$ sind Ungleichungen.

$5<7$; $5+2=7$
$4<5$; $4+1=5$
$6<9$; $6+3=9$

⑤				⑥			
3	8	3	4	2	4	2	9
4	7	2	6	1	6	7	8
5	9	4	8	5	8	6	9

$7>5$; $5+2=7$
$5>4$; $4+1=5$
$9>6$; $6+3=9$

⑦				⑧			
8	3	4	3	7	2	9	5
7	4	8	2	9	8	8	3
9	5	9	7	8	3	9	7

$5+a=9$

①	②	③	④
$3+i=6$	$9-u=2$	$6+e=9$	$5-e=1$
$2+u=5$	$9-e=0$	$6+u=8$	$7-i=0$
$5+a=8$	$4-i=1$	$7+i=9$	$8-u=2$

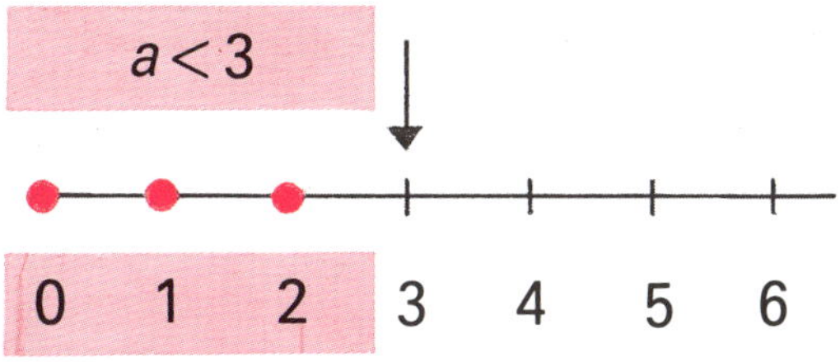

a < 3
a = 0, 1, 2

① $a < 2$
$e < 5$
$i < 3$

4 > a
a = 0, 1, 2, 3

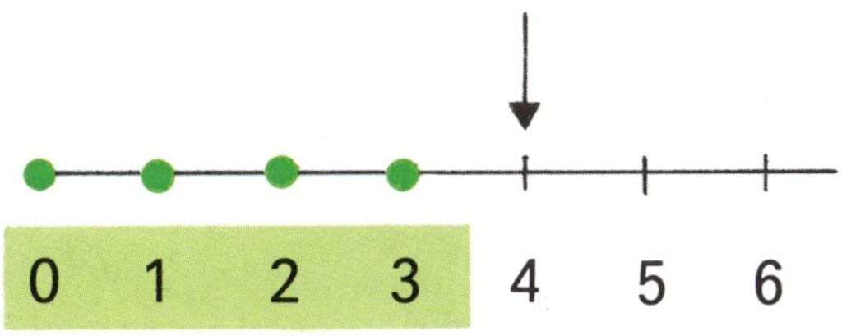

② $4 > e$
$3 > i$
$5 > u$

③ $u < 5$
$3 > a$
$i < 1$

---

④	⑤	⑥	⑦	⑧	⑨
6 + 3	9 − 4	8 − 5	6 + 2	2 + 4	7 − 4
4 + 2	8 − 7	9 − 0	9 − 4	5 − 4	6 − 6
1 + 5	5 − 5	4 − 3	8 − 7	1 + 4	3 − 2
0 + 9	9 − 7	7 − 7	0 + 5	8 − 4	9 − 4

---

①	②	③	④
$3 + a = 7$	$9 - e = 5$	$6 - e = 2$	$6 + a = 6$
$6 + i = 9$	$6 - a = 1$	$8 - i = 0$	$6 + u = 7$
$1 + a = 5$	$6 - e = 0$	$9 - e = 7$	$3 + a = 5$

⑤	⑥
2 + 3	8 + 1
3 − 2	9 − 6
1 + 3	6 + 2
5 − 2	8 − 4

---

4 + 3 = 7
7 − 2 = 5
6 − 3 = 3
5 + 4 = 9

⑦			⑧			⑨		
7	2	5	9	2	7	4	5	9
6	2	8	1	4	5	4	4	0
9	4	5	6	4	2	7	3	4
3	2	5	6	3	9	7	0	7

Das Zentimeter

1 cm
ein Zentimeter

① Gib die Länge der Strecken in Zentimeter an!

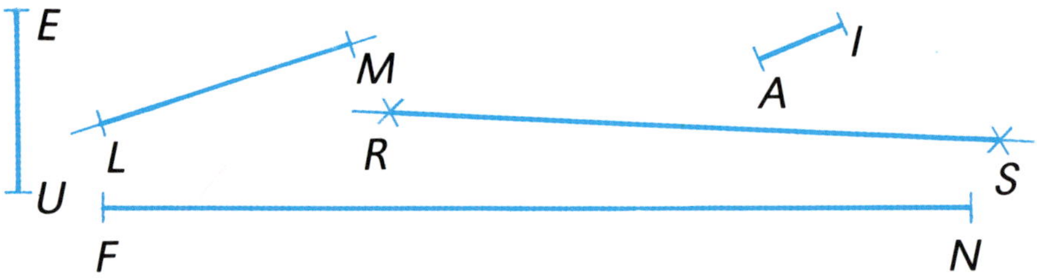

Miß die Länge

② deiner Rechenstäbchen!

③ der auf dieser Seite abgebildeten Gegenstände!

④ Zeige auf dem Zahlenstrahl Strecken folgender Länge!

2 cm | 9 cm | 5 cm | 1 cm | 10 cm | 4 cm

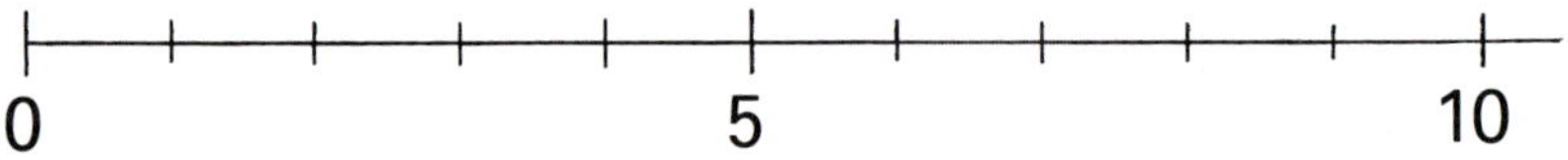

⑤ Zeichne Strecken folgender Länge!

3 cm | 6 cm | 1 cm | 8 cm | 4 cm | 7 cm

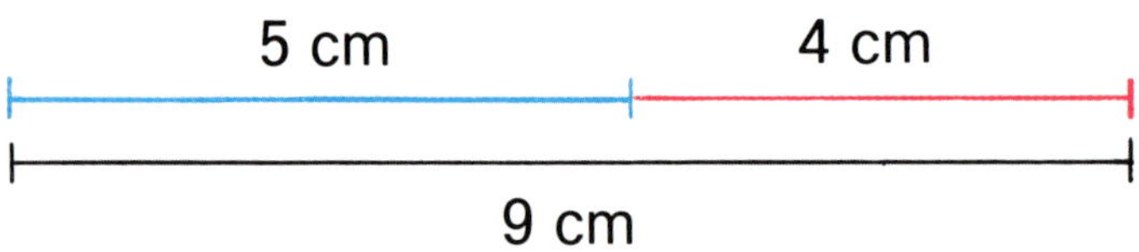

5 cm + 4 cm = 9 cm

9 cm − 4 cm = 5 cm

9 cm − 5 cm = 4 cm

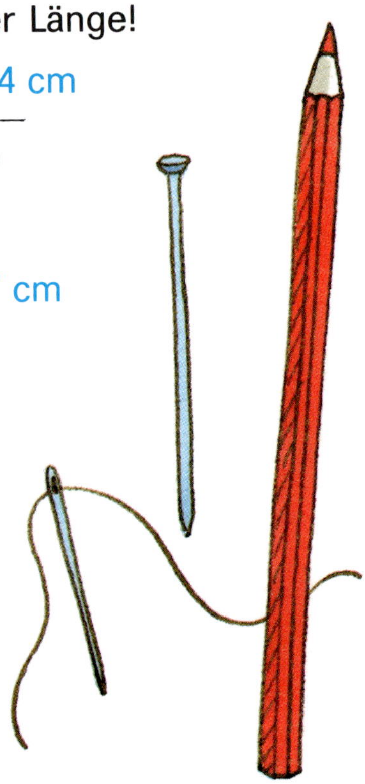

⑥ 4 cm + 3 cm	⑦ 7 cm − 6 cm	⑧ 7 cm − 2 cm − 4 cm
1 cm + 8 cm	10 cm − 4 cm	8 cm − 3 cm − 2 cm

Die Zahlen von 11 bis 20

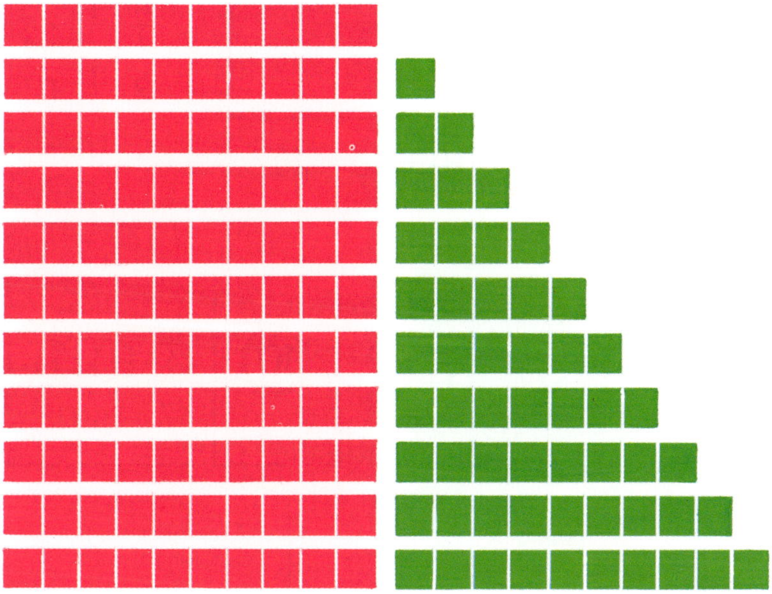

10 + 0 = 10
10 + 1 = 11
10 + 2 = 12
10 + 3 = 13

① 10 + 4
10 + 5
10 + 6
10 + 7
10 + 8
10 + 9

10 + 10 = 20

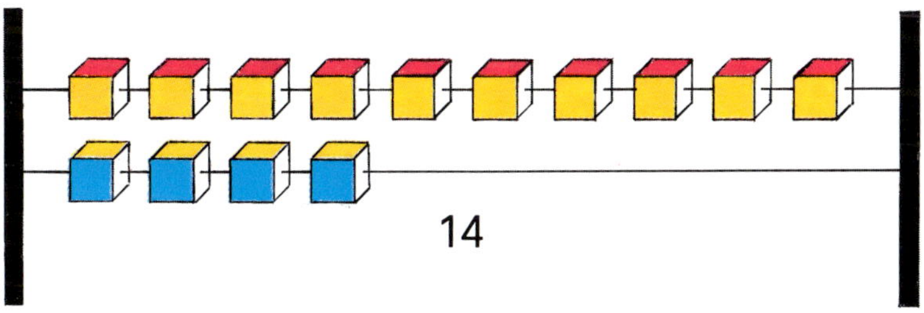

②

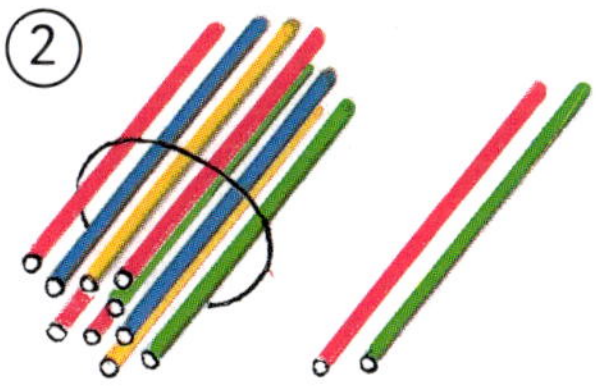

③

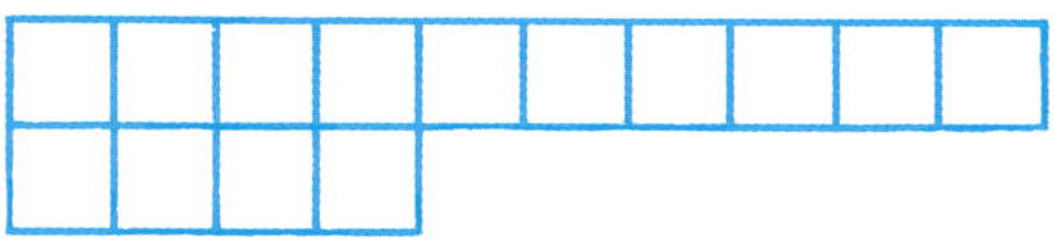

④

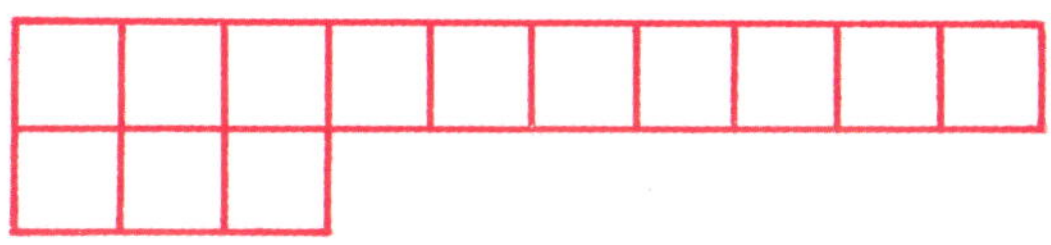

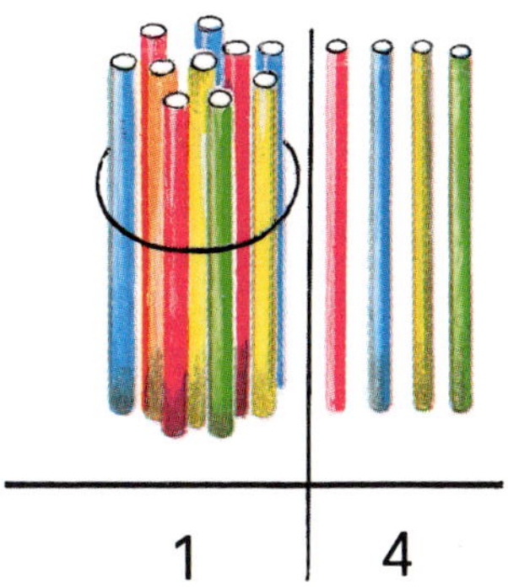

⑤

⑥

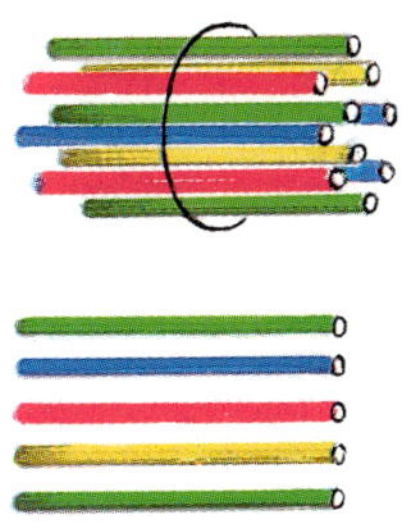

⑦

10 + 4 = 14   10 + 2 = 12   10 + 10 = 20

⑩	①
1	4
1	2
2	0

---

① 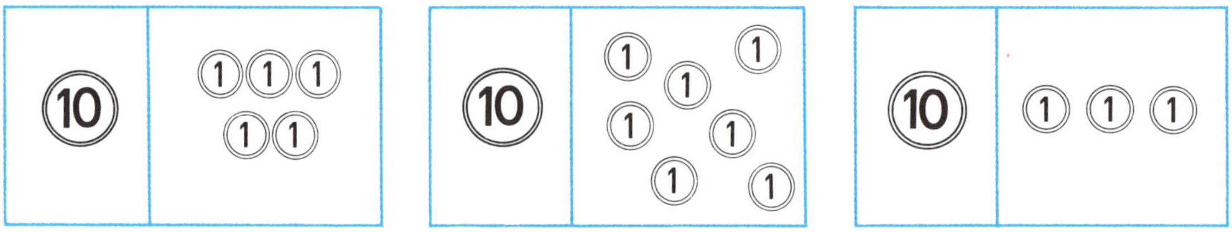

② 

Lege mit Rechengeld!

③

⑩	①
1	1
1	3
1	6

④	⑤	⑥	⑦
12	14	10 + 7	10 + 8
15	9	10 + 1	10 + 2
20	18	10 + 4	10 + 6
17	6	10 + 0	10 + 3

Lies und schreibe!

⑧

11 16 7 14 9 3 10 8 17

0 2 18 6 12 20 4 15 19

⑨	⑩	⑪
10 + 10	10 + 7	10 + 1
10 + 5	10 + 3	10 + 4
10 + 2	10 + 9	10 + 8

10 + *a*

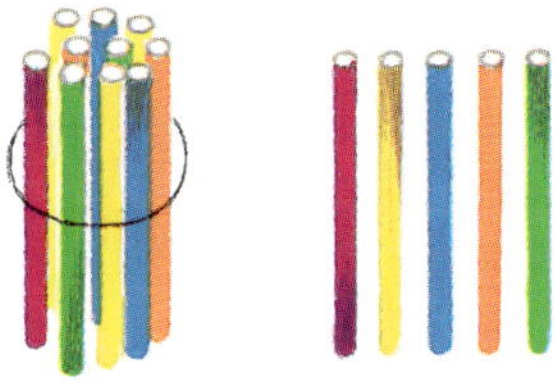

$a = 5, \quad 10 + a = 15,$

$10 + 5 = 15$

① $10 + a$

$a = 3$
$a = 7$
$a = 2$
$a = 9$

② $10 + a$

$a = 1$
$a = 10$
$a = 6$
$a = 8$

③

a	$10 + a$
6	
4	
2	
8	

④

$10 + a$	a
14	
17	
12	
20	

Die Ordnung der Zahlen 0 bis 20

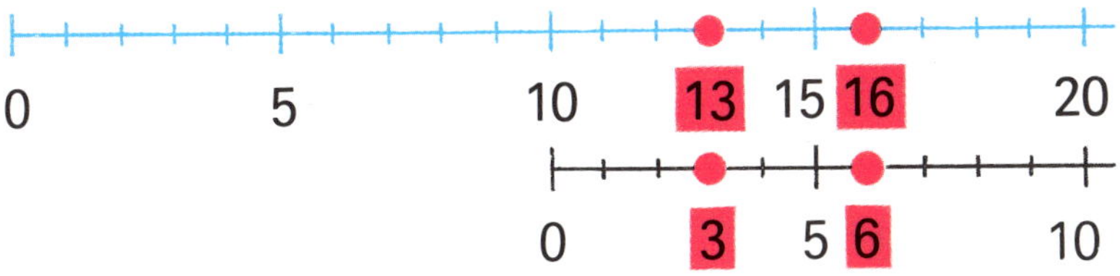

$13 < 16$,
denn $3 < 6$

$16 > 13$,
denn $6 > 3$

Vergleiche!

① 6 2
16 12

② 3 9
13 19

③ 5 8
15 18

④ 13 16
19 15

⑤ 15 20
16 11

⑥ 13 18
20 17

Ordne!

⑦ 20, 15, 18, 19, 13

⑧ 5, 13, 16, 9, 20

⑨ 12, 19, 16, 17

⑩ 10, 8, 14, 11

Zähle!

⑪ von 12 bis 18
von 20 bis 14

⑫ von 6 bis 13
von 14 bis 8

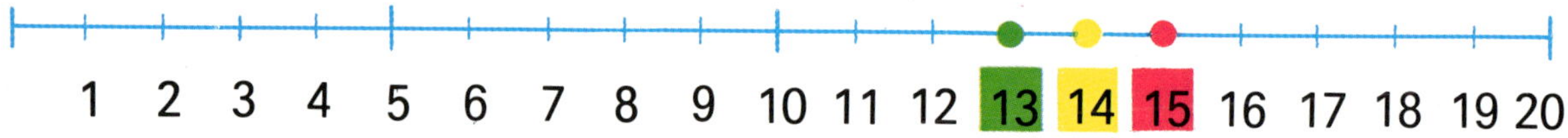

13 ist der **Vorgänger** von 14.

15 ist der **Nachfolger** von 14.

14

$13 < 14$ $14 < 15$

Bestimme bei den folgenden Zahlen den Vorgänger und den Nachfolger!

①	②	③	④	⑤
12	16	19	15	10
17	13	11	18	1

Zwischen 11 und 15 liegen 12, 13, 14.

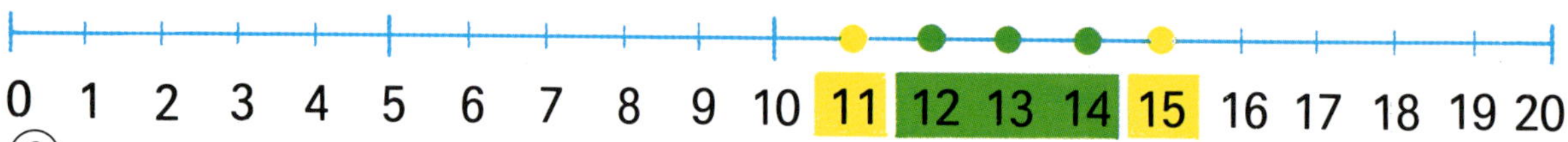

⑥

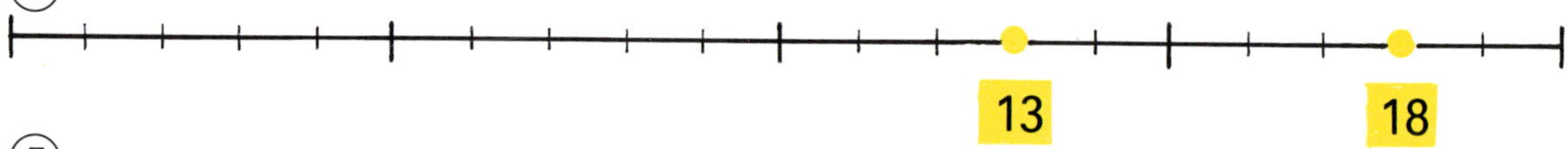

⑦

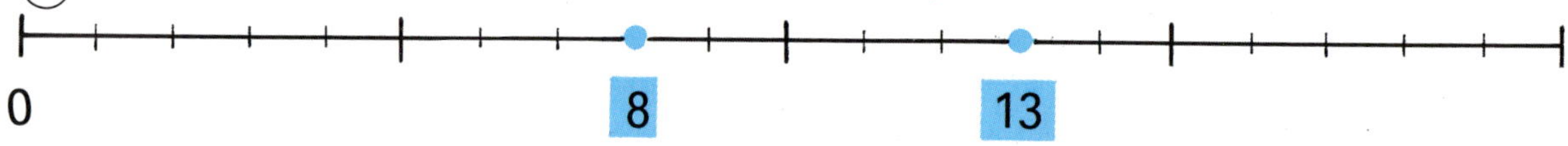

⑧

Wiederhole!

⑨	$4 + 3$	⑩	$6 - 2$
	$6 + 2$		$8 - 5$
⑪	$5 + 4$	⑫	$4 - 3$
	$2 + 7$		$7 - 4$

Addition und Subtraktion bis 20

Addieren und Subtrahieren von 10 bis 20

13 + 2

3 + 2 = 5

13 + 2 = 15

13 + 2 = 15
3 + 2 = 5

① 15 + 3 | 12 + 4 | 11 + 6
5 + 3 | 2 + 4 | 1 + 6

② 12 + 5
14 + 2
16 + 1

③ 17 + 2
14 + 3
11 + 4

④ 11 + 3
13 + 6
15 + 1

⑤ 13 + 1
14 + 4
16 + 3

⑥ 15 + 2
12 + 6
11 + 9

⑦ 13 + 5
16 + 2
15 + 5

3 + 15 = 18
15 + 3 = 18

⑧ 4 + 12 | 2 + 13 | 5 + 14
12 + 4 | 13 + 2 | 14 + 5

⑨ 3 + 12
1 + 18

⑩ 4 + 13
5 + 15

15 – 2

5 – 2 = 3

15 – 2 = 13

15 – 2 = 13
5 – 2 = 3

① 17 – 3
7 – 3

② 14 – 3
4 – 3

③ 20 – 6
10 – 6

④	⑤	⑥	⑦	⑧
19 – 4	15 – 3	18 – 3	12 – 1	17 – 6
13 – 2	18 – 6	19 – 7	15 – 2	18 – 7
17 – 5	13 – 1	17 – 2	18 – 4	20 – 3
15 – 1	19 – 6	16 – 3	20 – 5	14 – 1
16 – 5	16 – 2	20 – 4	19 – 2	20 – 8

17 – 3 = 14
14 + 3 = 17

⑨	⑩	⑪	⑫	⑬	⑭
16 – 4	13 – 2	19 – 2	16 – 3	12 + 4	14 + 2
12 + 4	11 + 2	15 – 4	19 – 5	17 + 2	19 – 4
18 – 5	20 – 4	14 – 2	20 – 5	14 + 6	16 + 3
13 + 5	16 + 4	17 – 4	17 – 6	11 + 5	12 + 5

①

a	a + 3
11	
14	
16	
12	
15	

②

e	e − 5
18	
16	
19	
17	
20	

③

i	10 − i
4	
7	
2	
6	
9	

④

i	20 − i
4	
7	
2	
6	
9	

---

⑤

5 − 4
8 − 8
3 − 2
6 − 6

⑥

5 + 4
3 + 6
1 + 8
2 + 7

⑦

17 + 3
19 − 7
10 + 3
13 − 2

⑧

20 − 6
14 − 4
20 − 8
11 − 1

---

⑨ 20 − 6
17 − 4
20 − 3

⑩ 11 + 3
15 + 2
12 − 2

⑪ 18 − 8
19 − 3
17 − 5

⑫ 13 + 2
14 + 5
16 − 5

---

12 + 4 = 16
16 − 4 = 12
12 = 16 − 4
16 = 12 + 4

14 < 17
14 + 3 = 17
19 > 14
19 = 14 + 5

① 15 2 13
12 4 16

② 14 17 3
18 12 6

③ 11 14
13 16
15 12
20 16

④ 13 19
17 14
12 18
19 15

3 Summanden

2 3 1

2 + 3 1

2 3 + 1

2 + 3 + 1

2 + 3 + 1 = 6

(2 + 3) + 1 = 6, ausgerechnet so:

2 + 3 = 5

5 + 1 = 6

2 + 3 + 1 = 6

2 + (3 + 1) = 6, ausgerechnet so:

3 + 1 = 4

2 + 4 = 6

2 + 3 + 1 = 6

> Summanden kann man beliebig zusammenfassen.
> Die Summe ist gleich.

2 + 3 + 1 = 6

① 2 + 4 + 1 ② 4 + 3 + 2 ③ 2 + 5 + 1

2 + 4 + 1 4 + 3 + 2 2 + 5 + 1

④ 5 + 2 + 2 ⑤ 4 + 3 + 3 ⑥ 5 + 1 + 3 ⑦ 3 + 3 + 3

5 + 2 + 2 4 + 3 + 3 5 + 1 + 3 3 + 3 + 3

---

① 1 + 1 + 7 ② 5 + 3 + 2 ③ 7 + 1 + 2 ④ 4 + 3 + 1

6 + 2 + 2 3 + 3 + 2 2 + 4 + 4 6 + 1 + 2

⑤

⑥

2 Subtrahenden

7 − 2 − 3

7 − 2 = 5
5 − 3 = 2
7 − 2 − 3 = 2

7 − 2 − 3 = 2

2 + 3 = 5
7 − 5 = 2
7 − 2 − 3 = 2

---

① 5 − 2 − 1
5 − 3

② 8 − 4 − 2
8 − 6

③ 10 − 5 − 2
10 − 7

④ 9 − 3 − 2
9 − 5

---

⑤
5 − 1 − 2
6 − 2 − 2
5 − 3 − 2

⑥
6 − 3 − 3
7 − 3 − 2
8 − 2 − 3

⑦
9 − 4 − 4
7 − 4 − 1
10 − 5 − 3

⑧
10 − 4 − 5
8 − 5 − 1
7 − 5 − 2

---

⑨

---

①
5 + 1 + 4
5 + 2 + 1
4 + 2 + 3

②
10 − 2 − 5
7 − 1 − 4
9 − 6 − 2

③
3 + 1 + 1
3 + 2 + 2
3 + 3 + 3

④
10 − 1 − 1
10 − 2 − 2
10 − 3 − 3

Addieren und Subtrahieren von 0 bis 20

① $8 + x = 10$
$6 + x = 10$
$9 + x = 10$
$5 + x = 10$

② $5 = 4 + 1$
⋮
$3 = 2 + 1$
⋮

③ $4 = 2 + x$
$6 = 2 + x$
$3 = 2 + x$
$5 = 2 + x$

④ $8 + 2 + 1$
$9 + 1 + 2$
$7 + 3 + 5$
$6 + 4 + 3$

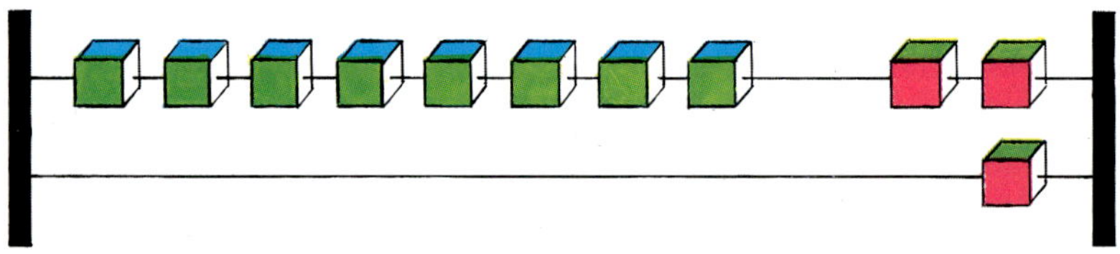

8 + 3

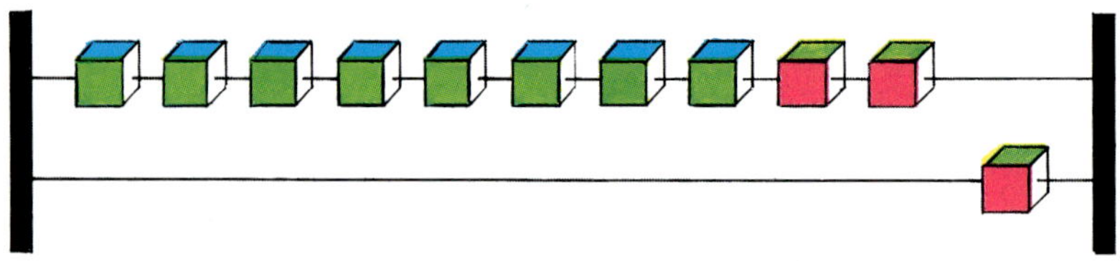

8 + 2 = 10

1

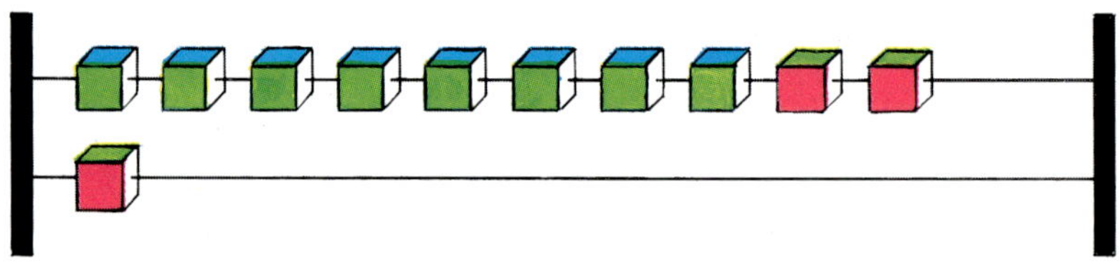

10 + 1 = 11

8 + 3 = 11

8 + 3 = 11;   3 + 8 = 11

⑤
9 + 2
2 + 9

⑥
6 + 5
5 + 6

⑦
9 + 1
7 + 4

⑧
7 + 3
2 + 7

⑨
3 + 5
6 + 4

⑩ 8 + 2
4 + 7
3 + 3

⑪ 2 + 9
8 + 0
8 + 3

⑫ 7 + 4
3 + 8
0 + 9

⑬ 5 + 5
9 + 2
3 + 6

① $11 - x = 10$ ② $12 - 2$ ③ $10 - 1$ ④ $11 - 1 - 2$

$13 - x = 10$ $\quad 11 - 1$ $\quad 10 - 3$ $\quad 13 - 3 - 1$

$12 - x = 10$ $\quad 15 - 5$ $\quad 10 - 2$ $\quad 12 - 2 - 3$

$14 - x = 10$ $\quad 13 - 3$ $\quad 10 - 5$ $\quad 15 - 5 - 2$

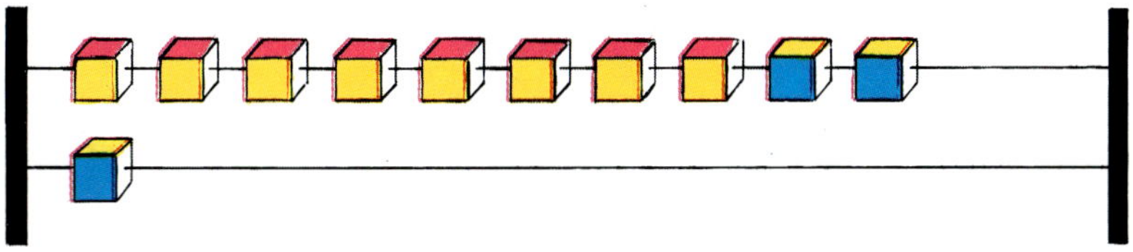

$11 - 3$

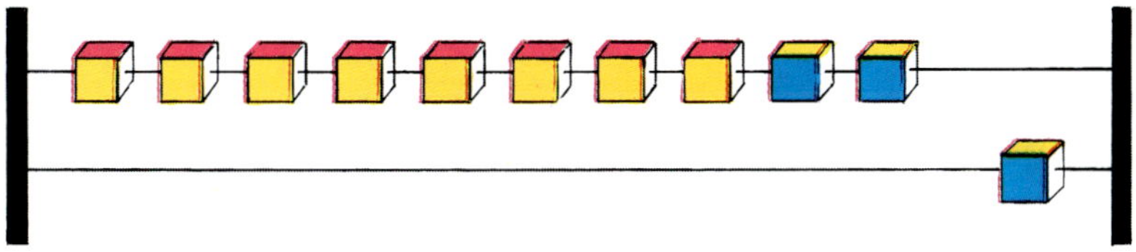

$11 - 1 = 10$

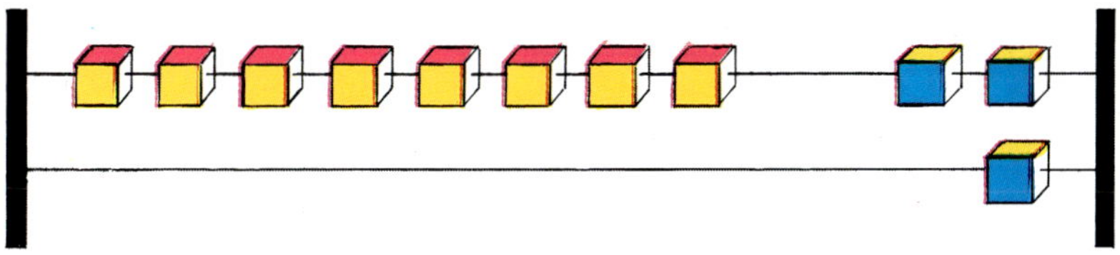

2

$10 - 2 = 8$

$11 - 3 = 8$

$11 - 3 = 8$

$11 - 8 = 3$

⑤	⑥	⑦	⑧
$11 - 2$	$11 - 5$	$11 - 4$	$11 - 3$
$11 - 9$	$11 - 6$	$11 - 7$	$11 - 8$

11

$9 + 2$	$2 + 9$	$11 - 2$	$11 - 9$
$8 + 3$	$3 + 8$	$11 - 3$	$11 - 8$
$7 + 4$	$4 + 7$	$11 - 4$	$11 - 7$
$6 + 5$	$5 + 6$	$11 - 5$	$11 - 6$

⑨ $7 + 4$ ⑩ $11 - 4$ ⑪ $6 + 5$ ⑫ $11 - 5$

$4 + 7$ $\quad 11 - 7$ $\quad 5 + 6$ $\quad 11 - 6$

①	②	③	④
$6 + x = 10$	$6 = 4 + x$	$6 + 4 + 2$	$12 - 2 - 4$
$8 + x = 10$	$4 = 2 + x$	$8 + 2 + 2$	$12 - 2 - 2$
$9 + x = 10$	$3 = 1 + x$	$9 + 1 + 2$	$12 - 2 - 1$
$7 + x = 10$	$5 = 3 + x$	$7 + 3 + 2$	$12 - 2 - 3$

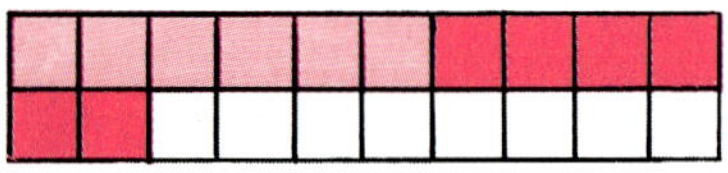

$6 + 6$

$6 + 4 = 10$
$10 + 2 = 12$

$6 + 6 = 12$

$6 + 6 = 12$
$12 - 6 = 6$

$12 - 6$

$12 - 2 = 10$
$10 - 4 = 6$

$12 - 6 = 6$

---

⑤

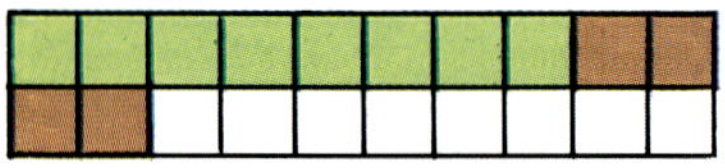

$8 + 4$
$4 + 8$
$12 - 4$
$12 - 8$

⑥

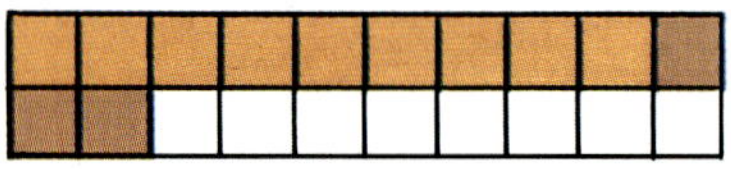

$9 + 3$
$3 + 9$
$12 - 3$
$12 - 9$

⑦

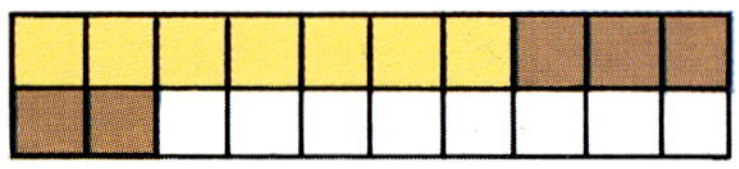

$7 + 5$
$5 + 7$
$12 - 5$
$12 - 7$

12				
	$9 + 3$	$3 + 9$	$12 - 3$	$12 - 9$
	$8 + 4$	$4 + 8$	$12 - 4$	$12 - 8$
	$7 + 5$	$5 + 7$	$12 - 5$	$12 - 7$
	$6 + 6$		$12 - 6$	

$9+3=12$			
$3+9=12$			

①	②	③	④
6 + 5	7 + 4	9 + 2	9 + 3
5 + 6	4 + 7	2 + 9	3 + 9
8 + 4	6 + 3	7 + 5	8 + 3
4 + 8	3 + 6	5 + 7	3 + 8

---

12 − 7

7 + **5** = 12

12 − 7 = **5**

12 − 7

5 + 7 = 12

12 − 7 = **5**

$12-7=5$

⑤	⑥	⑦	⑧	⑨
12 − 4	11 − 2	11 − 4	12 − 9	11 − 7
11 − 3	12 − 3	12 − 8	11 − 8	7 − 4
10 − 5	9 − 7	11 − 9	12 − 7	12 − 6
12 − 6	11 − 5	12 − 5	11 − 6	9 − 5

$12-4=8$

$8+4=12$

⑩	⑪	⑫	⑬
10 − 3	12 − 7	11 − 7	9 − 3
11 − 3	12 − 8	12 − 5	12 − 4
12 − 3	12 − 9	11 − 9	8 − 6

$7+5=12$

$5+7=12$

$12-5=7$

$12-7=5$

⑭ 9 + 3

⑮ 6 + 5

⑯	⑰
11 + 4	15 − 5
16 − 2	4 + 8
12 + 7	12 + 5
11 − 5	12 + 0

①	②	③	④
$6 + x = 10$	$4 = 1 + x$	$5 + 5 + 3$	$13 - 3 - 1$
$4 + x = 10$	$6 = 3 + x$	$7 + 3 + 3$	$13 - 3 - 4$
$7 + x = 10$	$8 = 5 + x$	$4 + 6 + 3$	$13 - 3 - 6$
$5 + x = 10$	$5 = 2 + x$	$8 + 2 + 3$	$13 - 3 - 2$

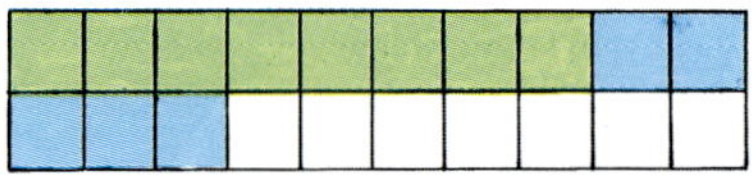

$8 + 5$

$8 + 2 = 10$

$10 + 3 = 13$

8 + 5 = 13; 13 − 5 = 8

$13 - 5$

$13 - 3 = 10$

$10 - 2 = 8$

⑤

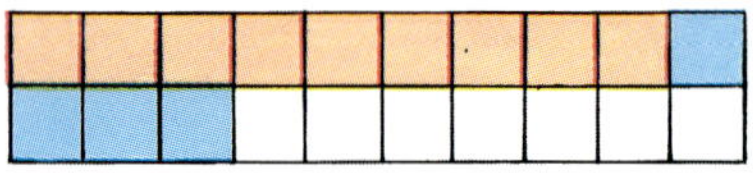

9 + 4	13 − 4
4 + 9	13 − 9

⑥

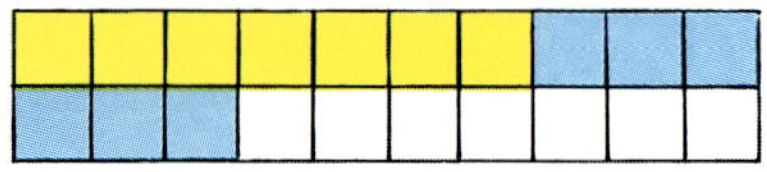

7 + 6	13 − 6
6 + 7	13 − 7

---

⑦ 8 + 5 | 5 + 8 | 13 − 5 | 13 − 8

13				
	9 + 4	4 + 9	13 − 4	13 − 9
	8 + 5	5 + 8	13 − 5	13 − 8
	7 + 6	6 + 7	13 − 6	13 − 7

8 + 5 = 13
5 + 8 = 13
13 − 5 = 8
13 − 8 = 5

⑧ 9 + 4

⑨ 7 + 6

⑩ 7 + 4

⑪	⑫	⑬	⑭	⑮
7 + 6	5 + 8	13 − 4	17 − 4	13 − 7
9 + 4	13 + 5	13 − 6	12 − 5	12 − 4
8 + 3	12 + 6	13 − 5	13 − 8	13 − 9

$a = 5, \quad 8 + a = 13$

$e = 5, \quad 13 - e = 8$

①

a	$8 + a$
5	
2	
4	
1	

②

u	$u + 5$
8	
4	
7	
0	

③

e	$13 - e$
5	
2	
4	
6	

④

i	$13 - i$
9	
1	
7	
0	

⑤ 

9 + 5	14 − 5
5 + 9	14 − 9

⑥ 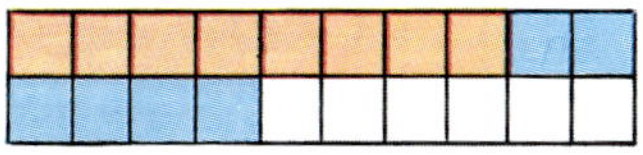

8 + 6	14 − 6
6 + 8	14 − 8

⑦ 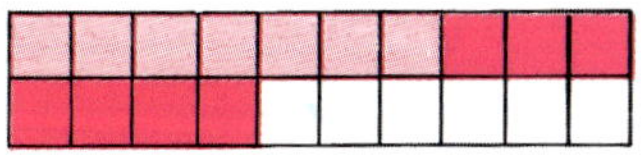

7 + 7	14 − 7

14

9 + 5	5 + 9
8 + 6	6 + 8
7 + 7	

14 − 5	14 − 9
14 − 6	14 − 8
14 − 7	

⑧ 7 + 7, 7 + 6

⑨ 5 + 9, 6 + 8

⑩ 14 − 5, 13 − 6

⑪ 14 − 9, 14 − 6

⑫ 8 + 6, 7 + 5

⑬ 14 − 7, 13 − 4

$a = 5, \quad e = 3$

$a + e = 8$

$i = 8, \quad u = 6$

$i - u = 2$

⑭

a	e	$a + e$
5	3	
8	6	
6	4	
10	5	

⑮

i	u	$i - u$
8	6	
14	5	
10	2	
17	7	

① 9 Kinder rodeln. 4 Kinder davon gehen heim.
Wieviel Kinder rodeln nun noch?

② 6 Kinder sind auf dem Eis. Nun kommen 3 Kinder dazu.
Wieviel Kinder sind nun auf dem Eis?

---

③	④	⑤	⑥	⑦
14 − 7	9 + 5	18 − 5	5 + 4	14 − 8
12 − 6	6 + 8	13 − 5	7 + 6	14 − 5
10 − 4	17 + 3	14 − 9	9 − 4	14 + 5

+	0	1	2	3	4	5	6	7	8	9	10
0	0	1	2	3	4	5	6	7	8	9	10
1	1	2	3	4	5	6	7	8	9	10	11
2	2	3	4	5	6	7	8	9	10	11	12
3	3	4	5	6	7	8	9	10	11	12	13
4	4	5	6	7	8	9	10	11	12	13	14
5	5	6	7	8	9	10	11	12	13	14	15
6	6	7	8	9	10	11	12	13	14		16
7	7	8	9	10	11	12	13	14			17
8	8	9	10	11	12	13	14				18
9	9	10	11	12	13	14					19
10	10	11	12	13	14	15	16	17	18	19	20

2 + 4 = 6

4 + 2 = 6

---

5 + 8 = 13

8 + 5 = 13

⑧	⑨
4 + 4	3 + 0
7 + 6	9 + 3

⑩	⑪
5 + 1	7 + 2
8 + 8	7 + 5

① 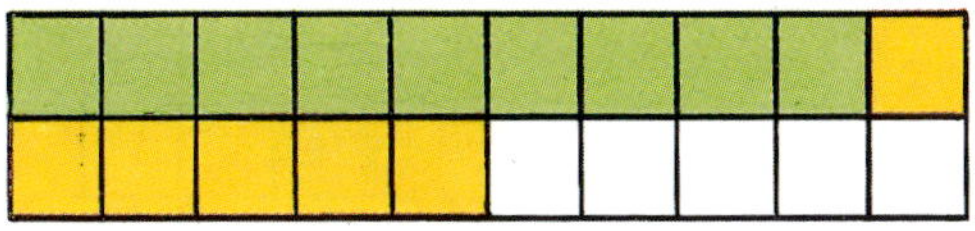

9 + 6 | 15 − 6
6 + 9 | 15 − 9

② 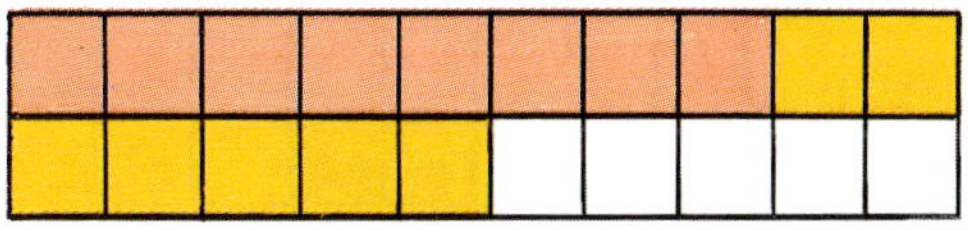

8 + 7 | 15 − 7
7 + 8 | 15 − 8

15	9 + 6	6 + 9	15 − 6	15 − 9
	8 + 7	7 + 8	15 − 7	15 − 8

③	④	⑤	⑥	⑦
6 + 6	6 + 9	15 − 8	15 − 7	6 + 9
7 + 8	7 + 7	11 − 7	12 − 6	14 − 7
9 + 6	9 + 4	15 − 6	15 − 9	9 + 5
6 + 8	5 + 7	12 − 7	11 − 9	15 − 8

⑧	⑨	⑩	⑪
Summe 12	Summe 15	Summe 11	Summe 14
7 + 5 = 12			

⑫

a	e	a + e
12	4	
7	8	
8	0	
9	6	
0	9	

⑬

e	i	e − i
12	6	
15	9	
15	7	
13	5	
11	4	

⑭

a	i	a − i
15	3	
14	2	
15	6	
15	8	
12	0	

⑮

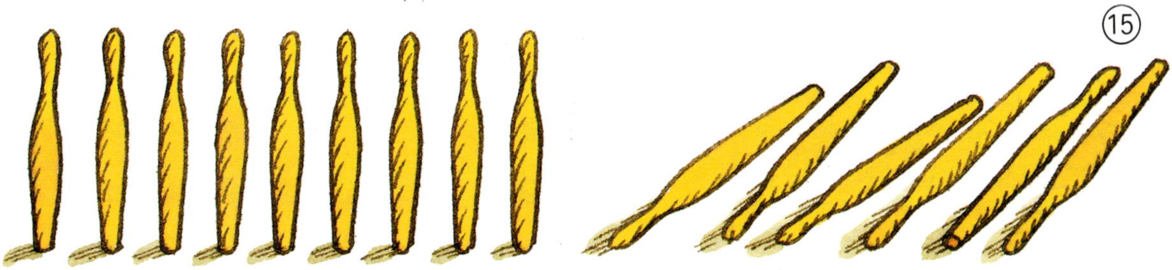

① 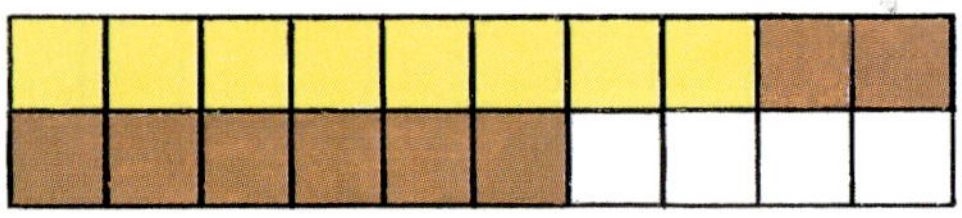

8 + 8	16 − 8

② 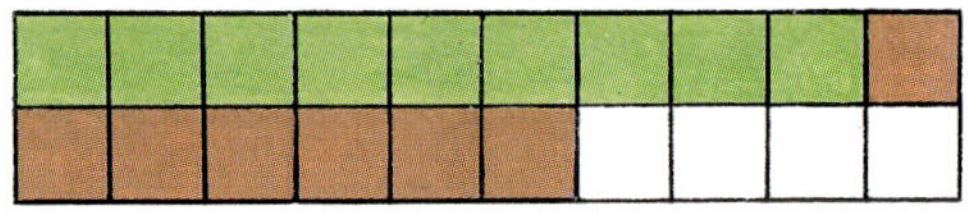

9 + 7	16 − 7
7 + 9	16 − 9

16				
	9 + 7	7 + 9	16 − 7	16 − 9
	8 + 8		16 − 8	

③	④	⑤	⑥	⑦
6 + 6	6 + 9	12 − 6	16 − 9	16 − 8
7 + 7	5 + 9	14 − 7	15 − 9	7 + 9
8 + 8	7 + 9	16 − 8	14 − 9	17 − 3

⑧

11	
9	2
5	
7	
10	
6	

⑨

13	
9	
12	
8	
7	
10	

⑩

16	
10	
4	
2	
11	
0	

⑪

14	
7	
4	
5	
12	
8	

⑫

15	
8	
10	
9	
14	
1	

⑬ $6 + x = 13$
$8 + x = 16$
$3 + x = 11$

⑭ $9 + x = 15$
$11 + x = 13$
$8 + x = 15$

---

9 < 16; 9 + 7 = 16
14 > 8; 8 + 6 = 14

①			②			③		
	8	16		13	4		18	13
	4	12		16	7		15	17
	9	14		15	9		6	11
	6	12		14	8		11	18

(1) 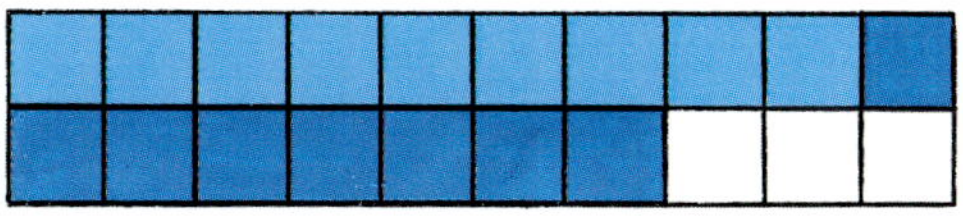

9 + 8 | 17 − 8
8 + 9 | 17 − 9

(2) 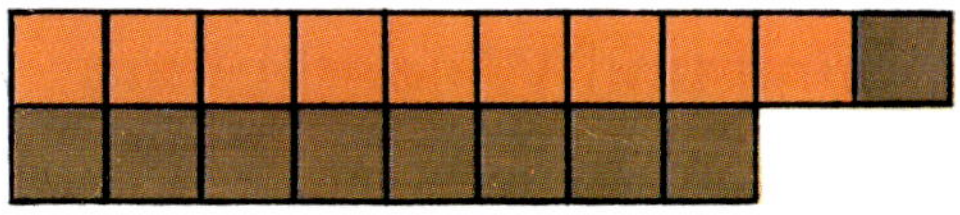

9 + 9 | 18 − 9

17	9 + 8	8 + 9	17 − 8	17 − 9
18	9 + 9		18 − 9	

(3) 6 + 6, 6 + 9, 6 + 7, 8 + 9

(4) 3 + 9, 9 + 9, 4 + 9, 7 + 9

(5) 14 − 8, 12 − 8, 13 − 8, 12 − 9

(6) 16 − 9, 17 − 9, 14 − 9, 7 − 4

(7) 12 + 5, 8 + 9, 7 + 6, 11 − 9

(8) 8 + 3, 8 + 4, 8 + 5

(9) 4 + 7, 5 + 7, 6 + 7

(10) 18 − 9, 16 − 8, 14 − 7

(11) 15 − 6, 15 − 7, 15 − 8

(12) 8 + 8, 17 − 8, 16 − 7

(1) 9 + 5, 8 + 4, 7 + 6

(2) 12 − 7, 14 − 8, 13 − 5

(3) 14 − 7, 16 − 8, 12 − 6, 18 − 9

(4) 11 − 6, 13 − 8, 15 − 7, 16 − 9

(5) 4 + 7, 6 + 9, 8 + 5, 2 + 0

(6) 5 + 9, 16 − 9, 14 − 0, 15 − 6

(7) 7 − 7, 17 − 8, 15 − 0, 6 + 9

Übung und Wiederholung

① $6 + x = 10$ ② $13 - a = 10$
$8 + x = 12$ $14 - a = 8$

③ $9 - x = 7$ ④ $12 - a = 7$
$8 - x = 3$ $18 - a = 9$

⑤ **6** Jungen und **5** Mädchen spielen.
Wieviel Kinder spielen?

⑥ **14** Kinder spielen; **7** von ihnen im Sand.
Wieviel Kinder spielen auf dem Rasen?

⑦

e	$e + 8$
1	
7	
9	
4	
6	

⑧

i	$i - 6$
10	
8	
12	
15	
11	

⑨

u	$7 + u$
8	
2	
12	
9	
11	

⑩

a	e	$a - e$
9	7	
12	6	
17	9	
15	8	
17	8	

⑪ Horst hat **8** Murmeln. Er gibt **3** Murmeln ab.
Wieviel Murmeln behält Horst?

⑫ **20** Kinder sollen kommen. **2** Kinder fehlen noch.
Wieviel Kinder sind schon da?

① Eine Karte kostet 10 Pf. Wieviel Pfennig kosten 2 Karten?

② Horst kauft 6 Karten. Uta kauft 5 Karten mehr als Horst. Wieviel Karten kauft Uta?

③ In einem Kasten sind 12 Buntstifte. Frank nimmt 3 davon heraus. Wieviel Stifte bleiben in diesem Kasten?

④ Bernd hat 5 Murmeln. Paul hat ebenso viele Murmeln. Wieviel Murmeln hat Paul?

⑤	⑥	⑦	⑧
$2 + x = 4$	$12 - x = 10$	$8 + 2$	$18 + 2$
$2 + x = 8$	$18 + x = 20$	$4 - 2$	$20 - 2$
$20 - x = 18$	$4 - x = 2$	$10 + 2$	$15 + 2$
$10 + x = 12$	$8 - x = 6$	$12 - 2$	$16 - 2$
$12 + x = 16$	$12 + x = 14$	$6 + 2$	$14 - 2$

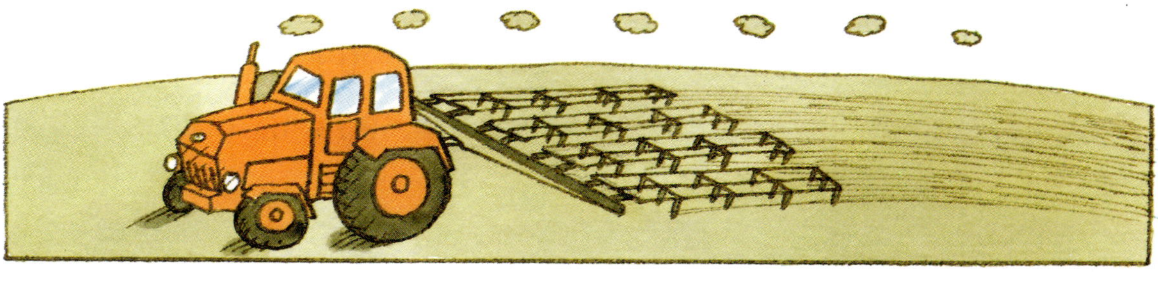

⑨ Auf einem Feld arbeiten 2 Gruppen mit je 8 Bauern. Wieviel Bauern arbeiten auf dem Feld?

⑩ Auf einem Feld arbeiten 5 Traktoren. Nun fährt ein Traktor weg. Wieviel Traktoren bleiben auf dem Feld?

⑪ 3 Kälber und 5 Schweine werden verkauft. Wieviel Tiere werden verkauft?

Die Zahlen von 0 bis 100

Die Vielfachen von 10

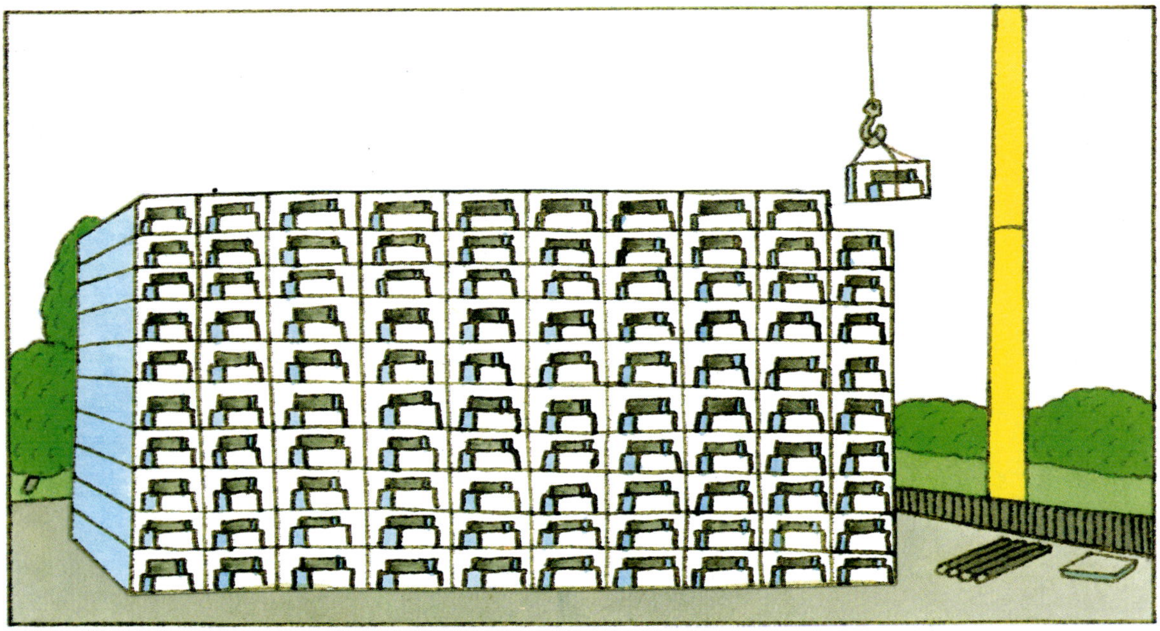

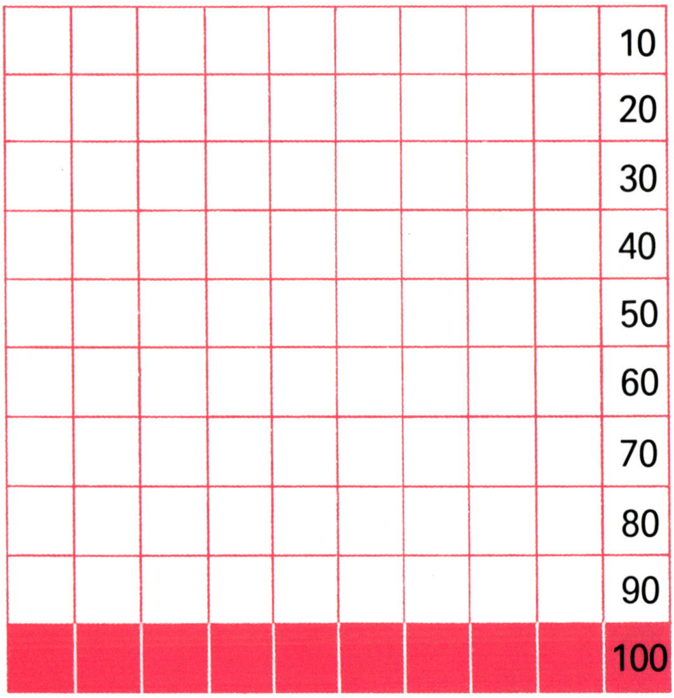

10
10 + 10 = 20
20 + 10 = 30
30 + 10 = 40
40 + 10 = 50
50 + 10 = 60
60 + 10 = 70
70 + 10 = 80
80 + 10 = 90
90 + 10 = 100

10 20 30 40 50 60 70 80 90 100

	20 = 10 + 10	30 = 10 + 10 + 10	40 = 10 + 10 + 10 + 10
10 = 1 · 10	20 = 2 · 10	30 = 3 · 10	40 = 4 · 10

Lege mit Zehnerstreifen!

① 30, 20, 50, 10, 70

② 40, 90, 60, 80, 100

Lege mit Rechengeld!

③ 20, 60, 90, 40, 10

④ 30, 70, 50, 80, 100

3 · 10 = 30

⑤ 4 · 10, 7 · 10, 2 · 10

⑥ 8 · 10, 6 · 10, 10 · 10

30 = 3 · 10

⑦ 20, 50, 70

⑧ 100, 40, 80

30 = 20 + 10

⑨ 70, 40, 60

⑩ 50, 20, 100

---

⑪ 1 · 10, 5 · 10, 3 · 10, 4 · 10

⑫ 9 · 10, 7 · 10, 2 · 10, 6 · 10

⑬ 10 · 10, 5 · 10, 1 · 10, 3 · 10

⑭ 70 + 10, 40 + 10, 20 + 10, 50 + 10

⑮ 90 + 10, 50 + 10, 10 + 10, 0 + 10

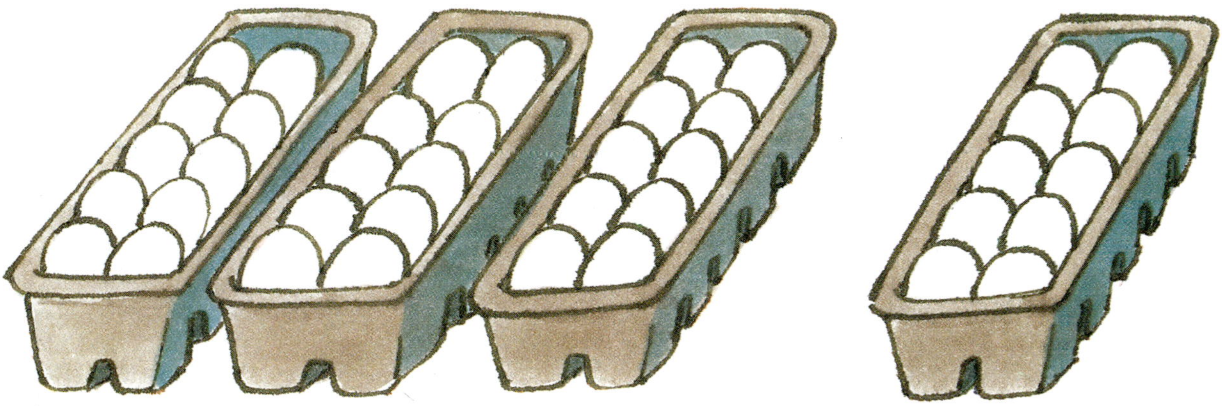

100 Pf

1DM

100 Pf = 1 DM

20 Pf sind weniger als 30 Pf.
30 Pf sind mehr als 20 Pf.

Lege und vergleiche!

① 30 Pf und 50 Pf
70 Pf und 40 Pf
80 Pf und 90 Pf

$3 < 5$	$5 > 3$
$30 < 50$	$50 > 30$

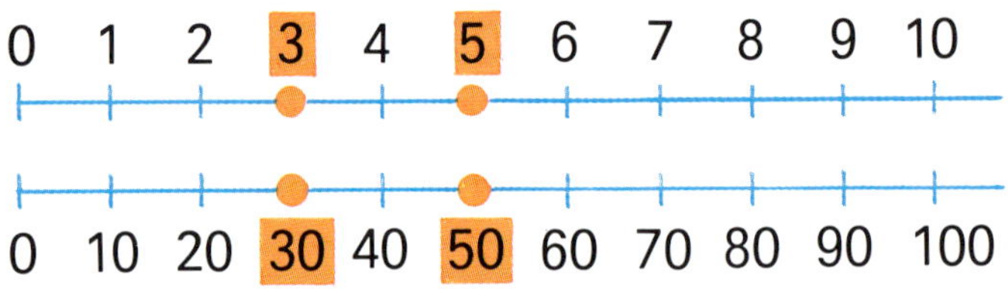

Vergleiche!

②	2	6	7	4	8	6	5	9
	20	60	70	40	80	60	50	90
③	40	80	60	90	50	20	70	100

Ordne!

④ 30, 20, 60, 50, 10 ⑤ 80, 60, 70, 40, 90

Zähle!

⑥ 10, 20, 30, …, 100 ⑦ 100, 90, 80, …, 10

20 + 30

20 + 30 = 50

denn 2 + 3 = 5

50 − 30

50 − 30 = 20

denn 5 − 3 = 2

---

① 50 + 30 | 70 + 20 | 20 + 50
5 + 3 | 7 + 2 | 2 + 5

② 60 − 40 | 70 − 30 | 90 − 40
6 − 4 | 7 − 3 | 9 − 4

③ 30 + 20
50 + 40
30 + 50

④ 60 + 20
40 + 40
30 + 60

⑤ 50 + 20
40 + 50
70 + 20

⑥ 80 − 30
90 − 50
50 − 40

⑦ 70 − 40
90 − 60
60 − 50

⑧ 90 − 30
70 − 50
80 − 70

---

40 − 30 = 10
10 + 30 = 40

⑨ 60 − 30 | 80 − 50 | 70 − 20
90 − 70 | 30 − 20 | 100 − 40

⑩

a	*a* + 30
30	
20	
60	
40	

⑪

e	*e* − 30
60	
90	
70	
100	

70 < 90
70 + 20 = 90
80 > 60
80 = 60 + 20

Vergleiche!

⑫ 20 60
40 70
60 30

⑬ 80 20
50 10
30 70

⑭ 40 90
20 50
100 30

Das Meter

1 m ein Meter	1 m = 100 cm

① Miß mit einem Meterstab oder einem Bindfaden von 1 m Länge,
- wie lang und wie breit euer Wohnzimmer,
- wie lang eure Wäscheleine ist!

② Schätze, ob die Tür eures Klassenzimmers
- breiter oder schmaler,
- höher oder niedriger als 1 m ist! Miß nach!

③ Stelle fest, wieviel Schritte du brauchst, um eine Strecke von 10 m Länge abzuschreiten!

④	⑤	⑥	⑦
14 m + 3 m	17 m − 4 m	30 m + 40 m	80 m − 70 m
12 m + 4 m	16 m − 5 m	20 m + 60 m	90 m − 50 m
13 m + 5 m	18 m − 2 m	40 m + 20 m	100 m − 80 m

⑧ Udos Drachenschnur ist 15 m lang.
Er knüpft noch ein Stück von 5 m Länge an.
Wie lang ist nun die Drachenschnur?

⑨ Auf dem Sportplatz sind zwei Laufstrecken abgesteckt.
Eine ist 60 m lang, die zweite ist 40 m länger.
Wie lang ist die zweite Laufstrecke?

⑩ Werner und Rudi fädeln Perlen auf.
Werner sagt: „Meine Kette ist 1 m lang."
Rudi behauptet: „Ich war fleißiger, denn meine Kette ist schon 100 cm lang."
Hat Rudi recht?

Alle Zahlen von 0 bis 100

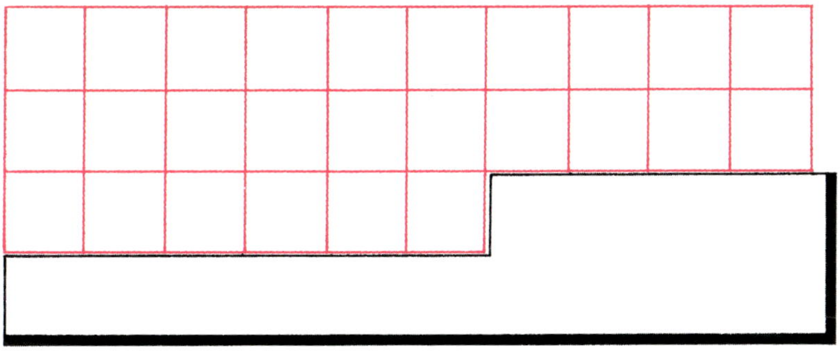

20 + 6 = 26
26 = 20 + 6

Zeige am Hunderterquadrat!

① 34, 47, 29, 76, 67

② 85, 52, 98, 13, 31

Lege mit Ziffernkarten!

③ 18, 24, 35, 67, 42

④ 81, 63, 29, 38, 92

Lies und schreibe!

⑤ 28, 82, 74, 47, 66

⑥ 93, 39, 51, 15, 77

30 + 6 = 36

⑦	⑧	⑨	⑩
30 + 5	20 + 9	50 + 4	80 + 8
60 + 3	80 + 1	90 + 5	40 + 6
40 + 7	10 + 8	20 + 3	70 + 3

47 = 40 + 7

⑪	⑫	⑬	⑭
38	64	97	21
45	37	43	94
84	56	65	49

① Lege mit Rechengeld!

10	1
2	3
3	4
4	1

② Trage in eine Tabelle ein!

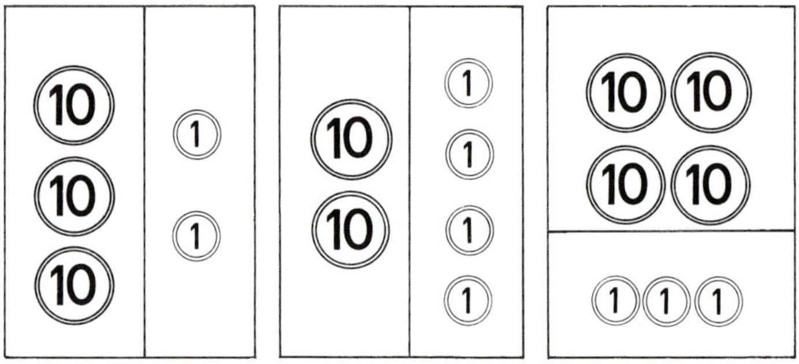

Z	E	
4	7	47 = 40 + 7
6	2	62 = 60 + 2
5	8	58 = 50 + 8

Trage in eine Stellentafel ein!

③ 91 | 73
89 | 36

④ 57 | 72
96 | 41

---

53 = 50 + 3

⑤ 42 | 74
93 | 38

⑥ 66 | 23
51 | 15

⑦ 97 | 83
32 | 68

60 + 9 = 69

⑧ 20 + 8
40 + 5

⑨ 70 + 6
90 + 2

⑩ 10 + 7
50 + 6

⑪

b	30 + *b*
5	
2	
4	
7	
1	

⑫

b	80 + *b*
6	
5	
3	
8	
4	

①

Z	E
7	3
8	1
9	5

73 = 70 + 3

②

Z	E
6	5
4	9
2	8

65 = 60 + 5

$30 + x = 37$
$x = 7$

denn 30 + 7 = 37

③ $40 + x = 45$
$20 + x = 29$
$70 + x = 77$

④ $60 + x = 68$
$10 + x = 16$
$80 + x = 89$

⑤ $90 + x = 97$
$80 + x = 86$
$50 + x = 52$

Geldbeträge kann man auf verschiedene Weise mit Münzen zahlen.

Beispiel: 21 Pf

⑥ Gib verschiedene Möglichkeiten an, wie du die folgenden Beträge mit Münzen zahlen kannst!
17 Pf, 28 Pf, 45 Pf, 50 Pf, 32 Pf, 70 Pf, 1 DM

$20 + 5 = 25$

Peter kauft eine Briefmarke zu 20 Pf und eine Briefmarke zu 5 Pf.
Wieviel Geld muß Peter zahlen?
Peter muß 25 Pf zahlen.

⑦ Doris hat 40 DM gespart. Gisa hat schon 3 DM mehr gespart als Doris.
Wieviel Geld hat Gisa gespart?

Die Ordnung der Zahlen von 0 bis 100

0 < 1	10 < 11	20 < 21
1 < 2	11 < 12	21 < 22
2 < 3	12 < 13	22 < 23
⋮	⋮	⋮
9 < 10	19 < 20	29 < 30

Vergleiche!

(1)	30	31	(2)	70	71	(3)	90	91
	31	32		71	72		91	92
	32	33		72	73		92	93
	⋮			⋮			⋮	
	39	40		79	80		99	100

Zähle!

(4) von 21 bis 30	(5) von 39 bis 30	(6) von 25 bis 34
von 81 bis 90	von 59 bis 50	von 17 bis 26
von 91 bis 100	von 79 bis 70	von 53 bis 62

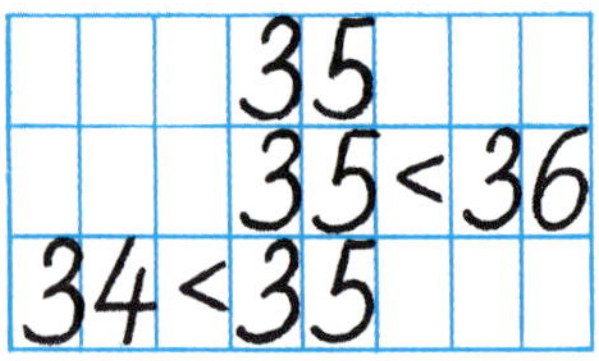

Bestimme den Nachfolger!

(7) 5, 25, 35, 55

(8) 39, 59, 79, 99

Bestimme den Vorgänger!

(9) 7, 17, 27, 67

(10) 1, 11, 21, 51

Wir vergleichen

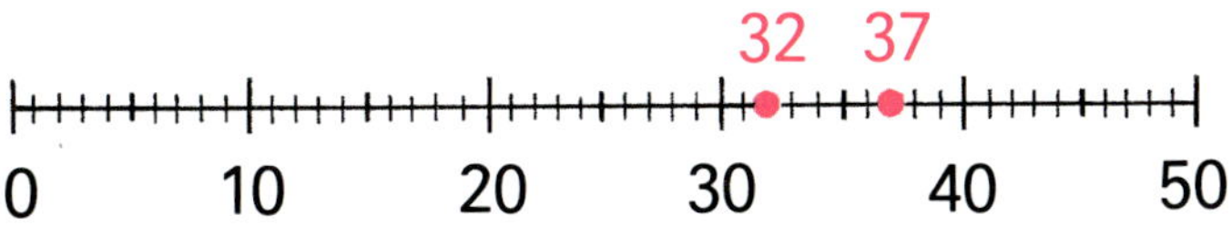

32 und 37

$2 < 7$	$7 > 2$
$32 < 37$	$37 > 32$

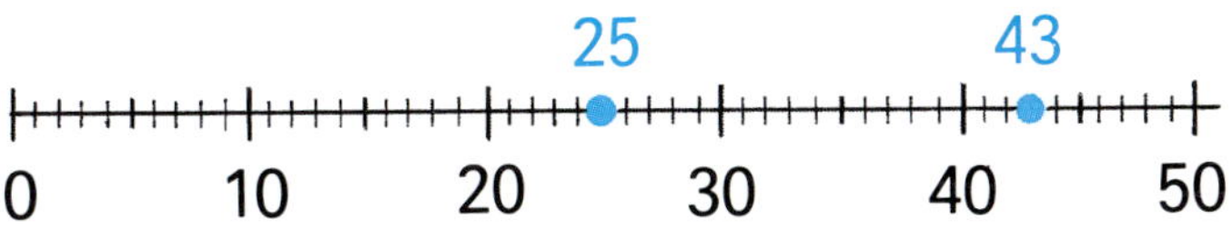

25 und 43

$20 < 40$	$40 > 20$
$25 < 43$	$43 > 25$

$54 < 58$, $4 < 8$ $46 > 41$, $6 > 1$ $27 < 75$, $20 < 70$ $83 > 69$, $80 > 60$

Vergleiche!

①		②		③		④		⑤	
6	9	8	4	2	7	30	40	90	50
16	19	38	34	62	67	32	42	94	56
26	29	78	74	92	97	38	48	98	53

Vergleiche!

⑥		⑦		⑧		⑨		⑩	
46	43	28	24	42	72	23	57	37	16
72	74	93	95	83	53	79	49	29	44

Ordne! Beginne mit der kleinsten Zahl!

⑪ 73, 78, 72 ⑫ 28, 18, 78, 98, 48

⑬ 58, 56, 17, 12, 52 ⑭ 70, 75, 30, 35, 50

Ordne! Beginne mit der größten Zahl!

⑮ 42, 45, 41 ⑯ 56, 96, 66

⑰ 35, 74, 79, 24, 28 ⑱ 41, 72, 53, 34, 85

Zwischen 28 und 32 liegen 29, 30, 31.

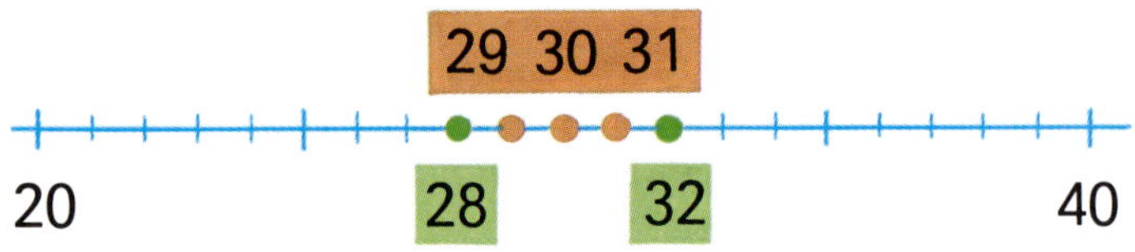

Welche Zahlen liegen zwischen

① 34 und 37
41 und 45

② 86 und 89
53 und 58

③ 70 und 76
94 und 100

④ 18 und 23
69 und 75?

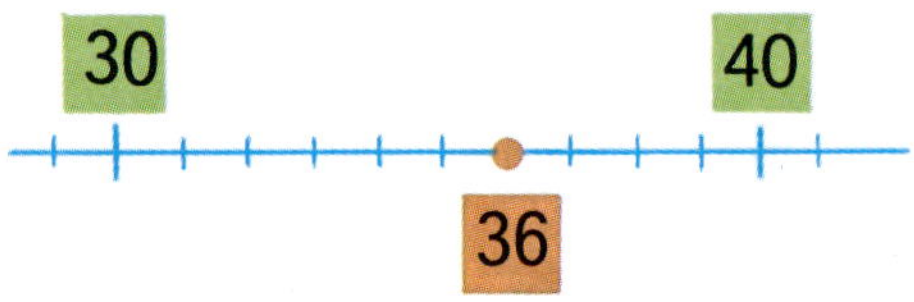

36 liegt zwischen 30 und 40.

Zwischen welchen Vielfachen von 10 liegen die folgenden Zahlen?

⑤	⑥	⑦	⑧	⑨
48	22	56	17	19
73	88	65	34	91

Einige Kinder spielen mit einem Legespiel.
Auf Franks Kärtchen stehen die folgenden Aufgaben.
Rechne und zeige, auf welches Feld er das Kärtchen jeweils legen kann!

⑩ 8 + 7
4 + 5
3 + 7

⑪ 9 − 5
12 − 7
15 − 7

⑫ 20 + 9
60 + 3
70 + 9

⑬ 40 + 3
90 + 3
30 + 7

⑭ Welche Felder sind schon belegt?

⑮ Zeige das 3., 9., 17., 24., 38., 45., 71., 83. Feld!

Was wir bereits wissen und können

0, 1, 2, 3, 4, ..., 98, 99, 100 sind natürliche Zahlen .
Die natürlichen Zahlen sind der Größe nach geordnet .

Zähle! ① von 7 bis 16 ② von 26 bis 35 ③ von 48 bis 57
④ von 12 bis 3 ⑤ von 45 bis 36 ⑥ von 74 bis 65

Jede natürliche Zahl (außer 0) hat einen Vorgänger .

63

62 < 63 < 64

Jede natürliche Zahl hat einen Nachfolger .

Bestimme bei den folgenden Zahlen den Vorgänger und den Nachfolger!

⑦ 14, 65, 48, 58, 73 ⑧ 21, 49, 71, 59, 99 ⑨ 10, 60, 30, 70, 90

Natürliche Zahlen kann man vergleichen .

15 = 15
14 < 17, denn 14 + 3 = 17
16 > 12, denn 16 = 12 + 4

Vergleiche!

⑩

6	9
7	5

⑪

30	70
80	20

⑫

72	27
38	83

⑬

35	37
49	41

Addieren

Summand Summand

6 + 3 = 9

Summe Summe

Subtrahieren

9 − 3 = 6

Differenz Differenz

---

①	②	③	④	⑤	⑥
4 + 6	7 − 4	9 − 5	8 − 3	4 − 3	2 + 6
9 − 7	6 + 8	7 + 2	11 − 4	8 + 4	10 − 4
12 − 3	9 + 3	13 − 5	7 + 7	15 − 7	3 + 9
8 + 5	14 − 6	4 + 8	16 − 9	5 + 8	17 − 8

Lösen von Aufgaben, deren Ergebnisse nicht eingeprägt wurden

16 + 3	17 − 4	50 + 20	80 − 30
6 + 3 = 9 16 + 3 = 19	7 − 4 = 3 17 − 4 = 13	5 + 2 = 7 50 + 20 = 70	8 − 3 = 5 80 − 30 = 50

⑦	⑧	⑨	⑩
12 + 4	13 − 2	14 + 3	15 − 3
14 + 5	16 − 4	15 + 4	14 + 2
18 + 2	18 − 5	17 + 3	19 − 4

⑪	⑫
90 − 40	30 + 20
30 + 50	70 − 50
80 − 60	50 + 40
50 − 50	80 − 70
90	

Summanden kann man vertauschen. Die Summe ist gleich.	$5+2=7 \longrightarrow 2+5=7$
Zu Additionsgleichungen kann man Subtraktionsgleichungen bilden.	$5+2=7 \longrightarrow 7-2=5$ $\searrow 7-5=2$

Löse die folgenden Aufgaben! Bilde stets mit denselben Zahlen drei weitere Gleichungen!

① 2 + 3   ② 9 + 5   ③ 30 + 20   ④ 40 + 20
7 + 6   7 + 8   70 + 30   80 + 20

Überlege erst,
wie du die Aufgabe am einfachsten lösen kannst!

⑤ 14 + 5   ⑥ 4 + 13   ⑦ 60 + 3   ⑧ 50 + 7
6 + 12   12 + 4   8 + 40   2 + 10

---

⑨	⑩	⑪	⑫
4 + 0	7 − 0	40 + 0	0 + 12
8 + 0	3 − 0	70 − 0	18 − 18
17 + 0	4 − 4	50 − 50	100 + 0

Summanden kann man beliebig zusammenfassen. Die Summe ist gleich.	$\underbrace{4+3}+2$ → $\underbrace{7+2}$ → 9 $4+\underbrace{3+2}$ → $\underbrace{4+5}$ → 9

⑬ 4 + 2 + 3 | 3 + 6 + 4   ⑭ 12 + 5 + 2 | 8 + 9 + 3

① 3 + 6	② 8 − 5	③ 6 + 7	④ 14 − 8	⑤ 16 + 2
2 + 5	7 − 6	5 + 8	16 − 7	20 − 8
4 + 0	9 − 7	8 + 8	15 − 9	14 − 6
2 + 8	5 − 0	7 + 9	12 − 5	18 + 2

⑥ 16 + 4	⑦ 18 − 3	⑧ 20 − 3	⑨ 18 − 7	⑩ 19 − 4
12 + 8	17 − 4	20 − 5	14 + 3	16 − 5
17 + 3	19 − 6	20 − 6	18 − 4	13 + 7
14 + 6	16 − 5	20 − 8	13 + 6	15 + 3

---

⑪ Von **15** Kindern einer Gruppe sind **8** Kinder Jungen.
Wieviel Kinder sind Mädchen?

⑫ 40 + 30	⑬ 90 − 10	⑭ 30 + 7	⑮ 12 + 4	⑯ 8 + 5
30 + 40	80 − 20	50 + 3	12 − 4	8 − 5
50 + 20	70 − 30	80 + 6	20 + 40	18 − 5

---

⑰

a	e	$a + e$
9	6	
12	7	
5	12	
70	20	

⑱

m	n	$m - n$
8	7	
14	6	
20	6	
80	30	

---

⑲ Norma hat **70** Pf. Sie kauft für **40** Pf Eis.
Wieviel Geld behält Norma?

⑳ $a < 3$	㉑ $4 > a$	㉒ $4 + x = 7$	㉓ $3 + x = 7$
$e < 2$	$2 > i$	$6 + x = 10$	$3 + x = 12$
$i < 4$	$3 > u$	$5 + x = 7$	$8 + x = 10$

Länge
Zentimeter   Meter
100 cm = 1 m

Geld
Pfennig   D-Mark
100 Pf = 1 DM

① Miß die Länge bei folgenden Strecken!

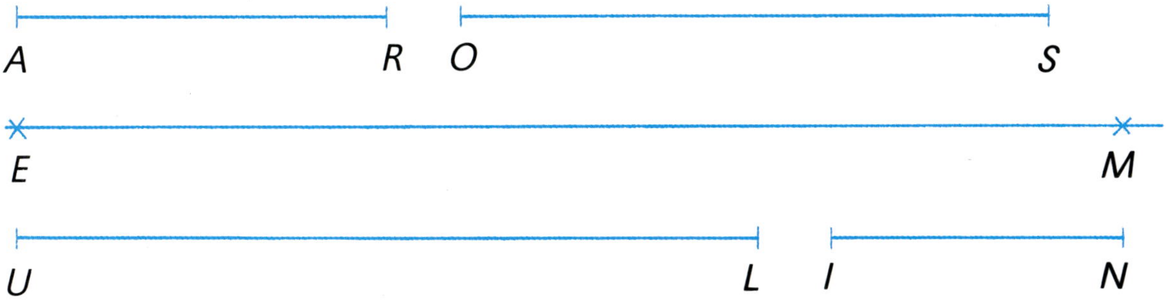

Zeige am Tafellineal oder Meßband die folgenden Längen!

② 4 cm, 40 cm, 70 cm, 20 cm, 100 cm, ③ 17 cm, 71 cm, 84 cm, 1 m

Zeichne Strecken in der angegebenen Länge!

④ 6 cm, 2 cm, 13 cm, 5 cm, 1 cm ⑤ 10 cm, 3 cm, 8 cm, 4 cm, 7 cm

⑥	5 m + 4 m	⑦	30 cm + 40 cm	⑧	20 Pf + 5 Pf
	12 m − 3 m		60 cm − 20 cm		70 Pf + 4 Pf
	7 m + 6 m		10 cm + 50 cm		30 Pf + 8 Pf
	9 m − 7 m		80 cm − 40 cm		50 Pf + 6 Pf
	2 m + 8 m		50 cm + 50 cm		90 Pf + 10 Pf

⑨ 60 Schüler und 7 Lehrer wollen in ein Ferienheim fahren.
Wieviel Plätze müssen bestellt werden?

⑩ In einem Ferienheim sind 70 Schüler. 40 davon sind Mädchen.
Wieviel Jungen sind im Ferienheim?

⑪ In jedem Schlafraum stehen 10 Betten.
Das Ferienheim hat 8 Schlafräume.
Wieviel Schüler können zu gleicher Zeit die Ferien hier verbringen?

① 14 − 7
16 − 6
15 − 8
12 − 4

② 6 + 8
5 + 9
8 + 9
7 + 8

③ 16 + 3
12 + 7
17 + 1
14 − 0

④ 20 − 4
20 − 6
20 − 7
20 − 9

⑤ 12 + 8
16 + 4
14 + 6
13 + 7

⑥ 40 + 50
30 + 60
50 + 30

⑦ 90 − 20
80 − 30
70 − 40

⑧ 30 + 8
50 + 4
80 + 7

⑨ 40 + 8
60 + 5
70 + 6

⑩ 19 − 5
16 − 3
17 − 6

---

⑪

a	*e*	*a* − *e*
9	7	
12	6	
15	3	
70	30	

⑫

m	*n*	*m* + *n*
8	7	
14	6	
4	13	
80	10	

⑬ 4 + 2 + 4
5 + 1 + 3
2 + 6 + 5

⑭ 14 + 3 + 1
12 + 4 + 2
10 + 5 + 0

⑮ 17 − 7 − 2
13 − 3 − 5

⑯ 30 + 7
50 + 8
40 + 1
50 + 0
60 + 8

⑰ 57 − 7
48 − 8
53 − 3
84 − 4
70 − 0

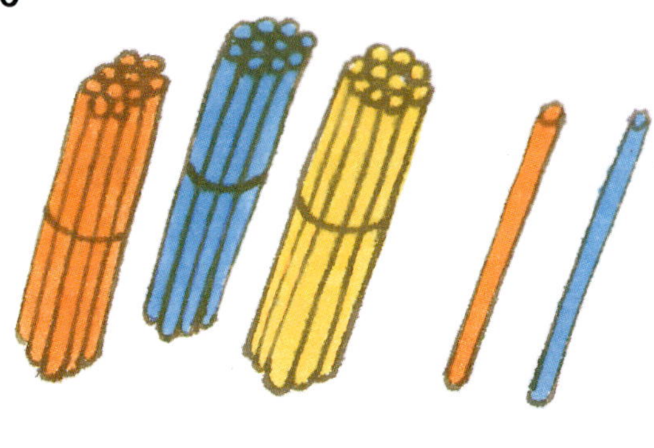

47 = 40 + 7

①	②	③
52	17	57
65	26	48
73	88	53

④	⑤	⑥
79	97	47
43	78	68
67	86	28

50 + 7

⑦	⑧	⑨
30 + 6	20 + 2	40 + 5
60 + 4	80 + 2	80 + 7
40 + 8	10 + 9	70 + 2
70 + 3	90 + 6	30 + 3

Vergleiche!

30 < 31

42 > 40

56 = 56

⑩		⑪		⑫	
20	25	32	30	35	35
57	57	66	60	35	37
80	84	95	90	33	35
90	28	17	10	40	35

Vergleiche!

68 > 59

44 < 78

⑬		⑭		⑮	
65	47	76	97	79	83
83	68	56	78	43	22
36	28	45	86	67	98

⑯	⑰	⑱	⑲	⑳
12 + 7	18 − 4	70 − 30	50 + 30	50 + 30
13 + 6	15 − 3	60 − 40	80 + 10	40 + 7
14 + 3	12 − 1	50 − 50	20 + 60	18 − 6
18 + 1	11 − 0	40 − 20	30 + 50	9 + 7

Geometrie

Punkte
E
A
L
U
O
I
N

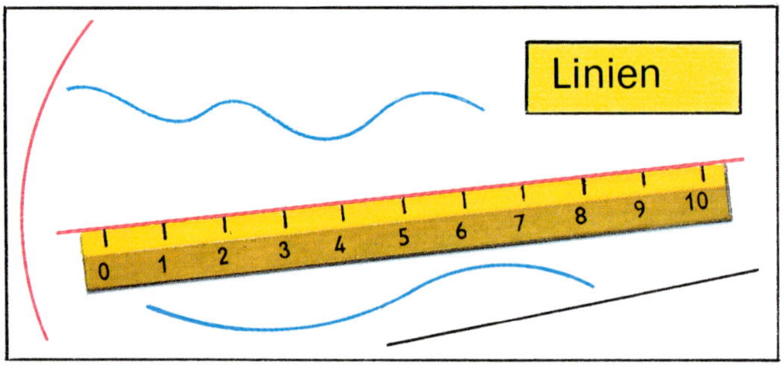
Linien
0 1 2 3 4 5 6 7 8 9 10

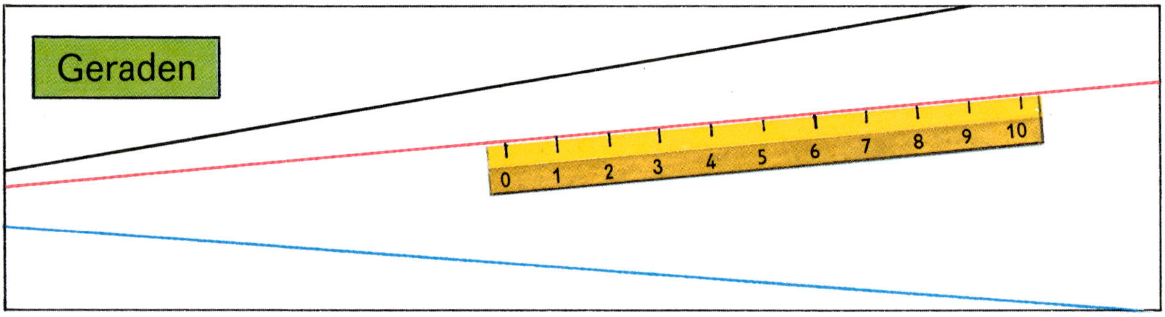
Geraden
0 1 2 3 4 5 6 7 8 9 10

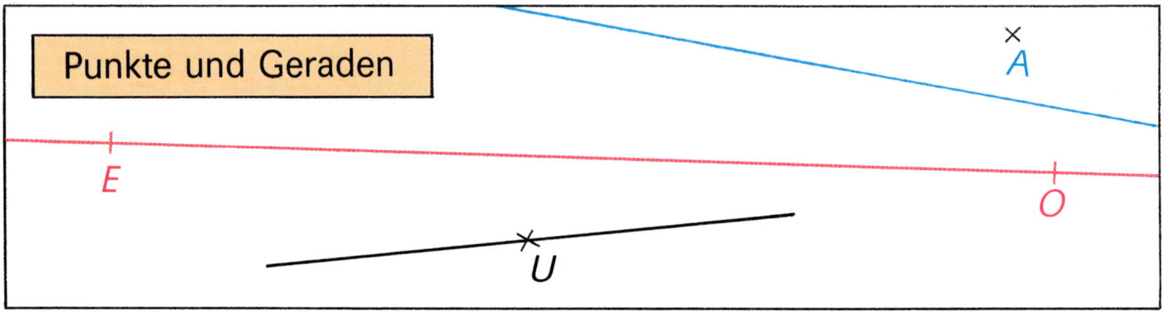
Punkte und Geraden
A
E
O
U

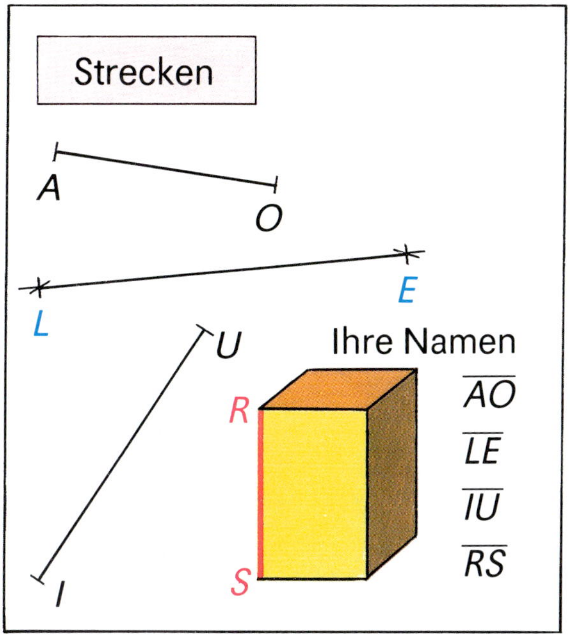

① Zeige Strecken im Klassenzimmer!

② Zeichne 3 Strecken $\overline{LM}$, $\overline{EF}$, $\overline{NU}$!

Vergleichen von Strecken

$\overline{EA}$ ist kürzer als $\overline{OI}$.

$\overline{OI}$ ist länger als $\overline{LU}$.

$\overline{EA}$ und $\overline{LU}$ sind gleich lang.

Vergleiche!

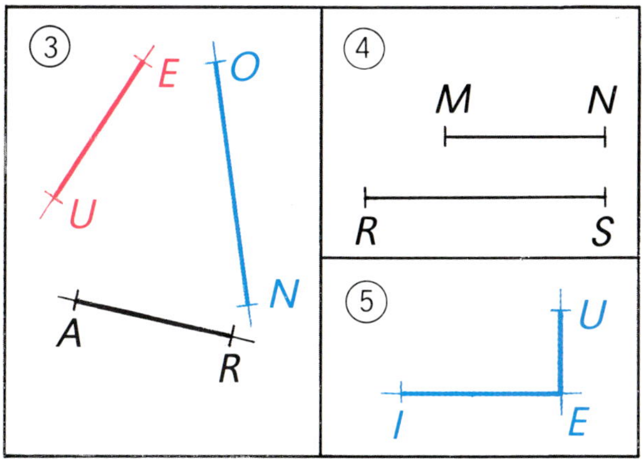

Dreiecke

① Zeige Dreiecke,
mit denen dieses Bild
gelegt wurde!

② Suche auf dem Straßenbild ein Dreieck!

③ Zeichne mit der Schablone 3 Dreiecke!

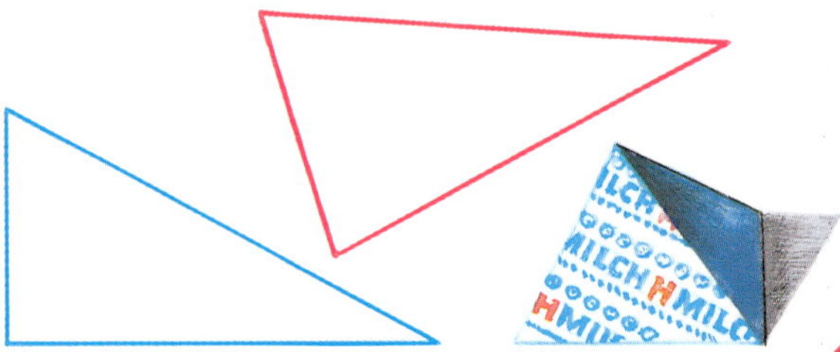

④ Lege mit Stäbchen 2 Dreiecke!

⑤ Verbinde
3 Flachstäbe so,
daß ein Dreieck
entsteht!

⑥ Wie viele Dreiecke
erkennst du an dieser
Brücke?

Vierecke

① Suche auf dem Straßenbild Vierecke!

② Lege mit Stäbchen ein Viereck!

③ Zeichne im Rechenheft 2 Vierecke!

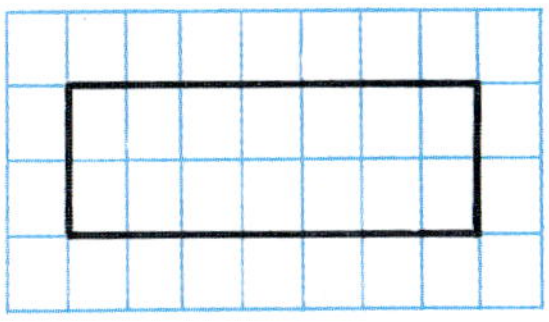

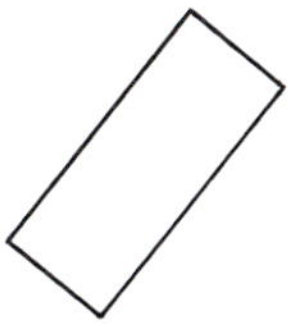

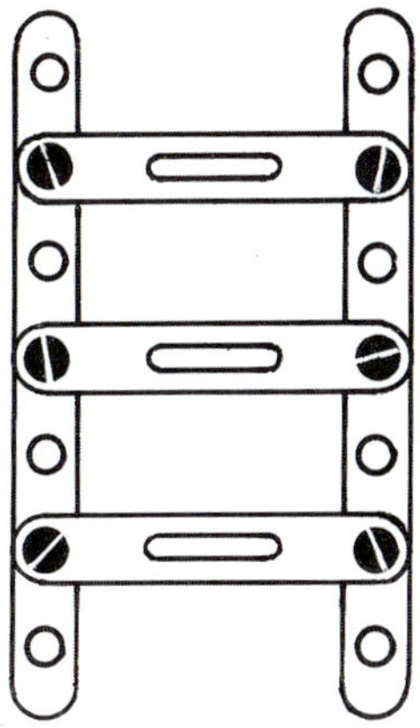

④ Zeichne mit der Schablone 6 Vierecke!

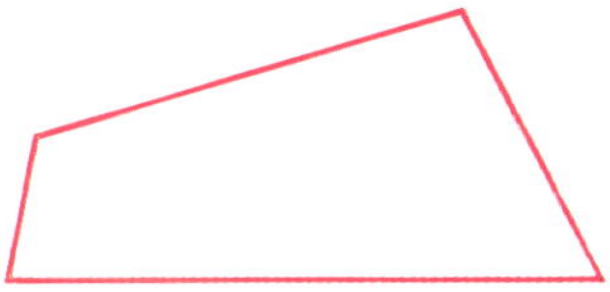

⑤ Miß, wie lang die Seiten der roten Vierecke sind!

⑥ Verbinde 4 Flachstäbe so, daß ein Viereck entsteht!

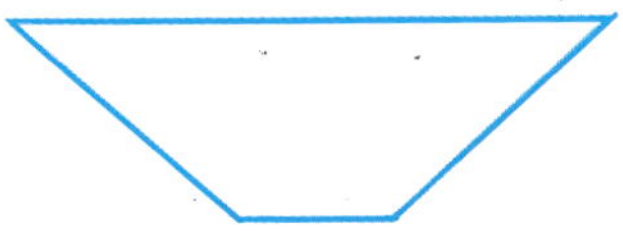

Kreise

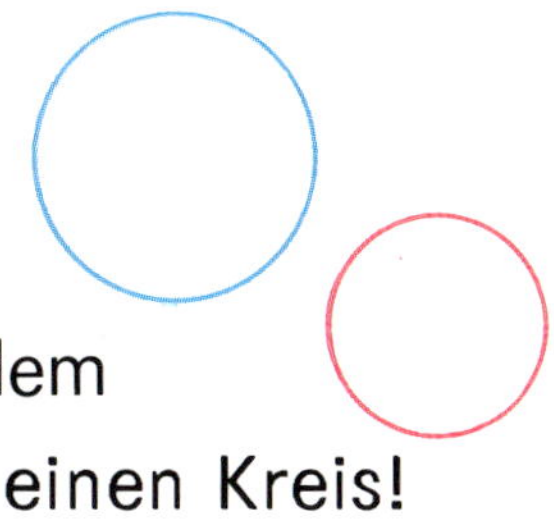

⑦ Suche auf dem Straßenbild einen Kreis!

⑧ Zeichne mit der Schablone 3 Kreise!

① Pause diese Dreiecke auf Papier und schneide sie aus!
Lege damit Vierecke!

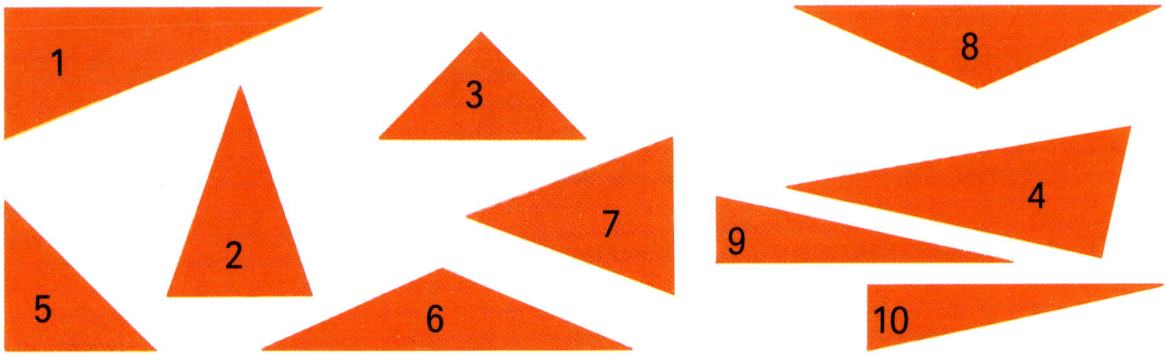

② Mit welchen dieser Stäbchen kannst du die beiden
Vierecke legen?

③ Jörg hat für ein Legespiel Kärtchen bedruckt.
Welchen Stempel hat er dabei jeweils verwendet?

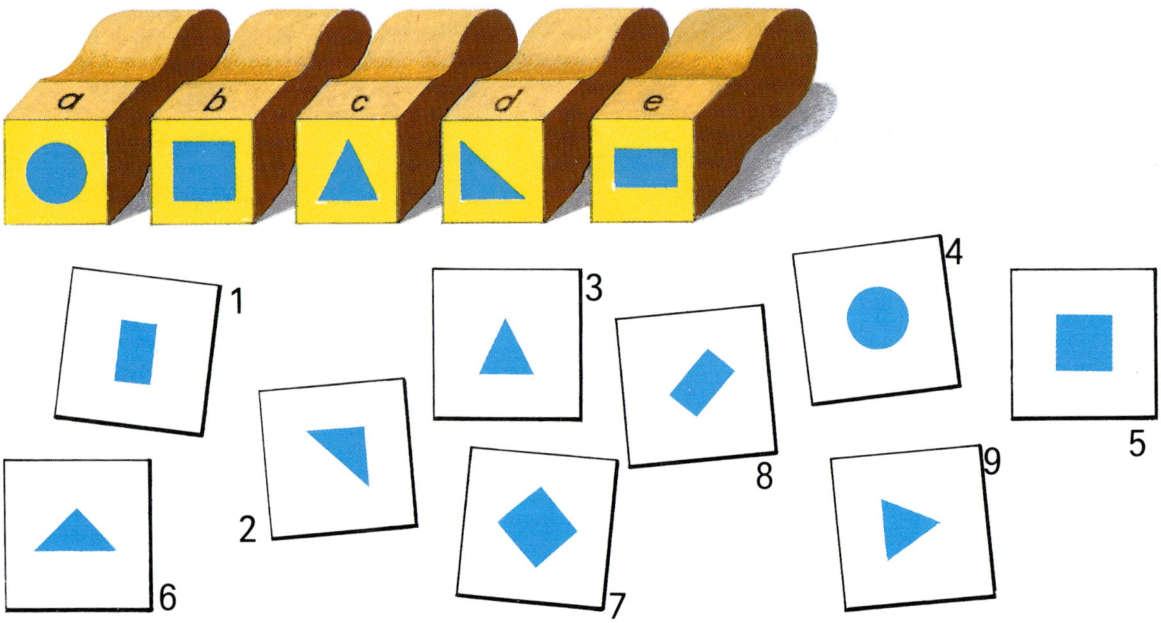

Was wir bereits wissen und können

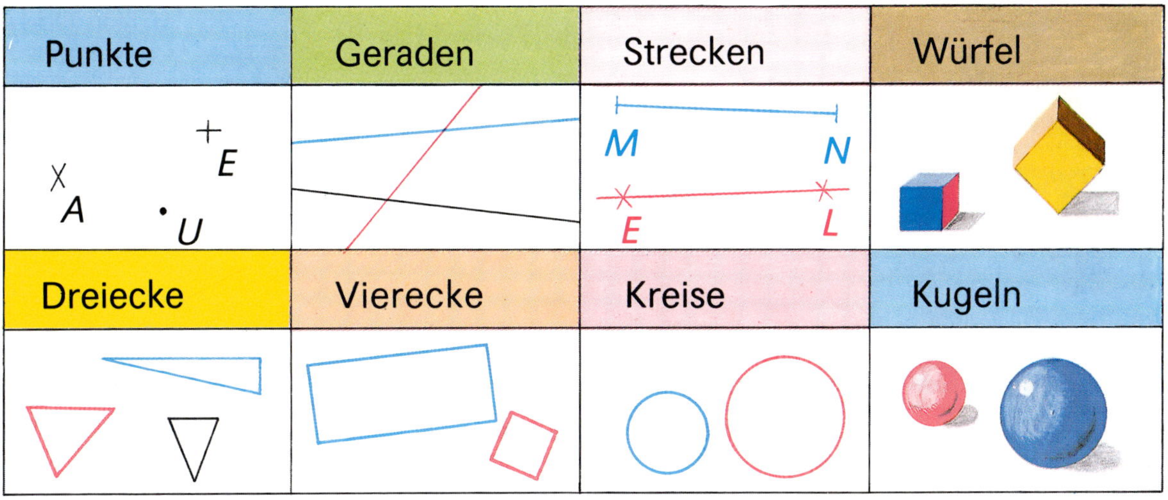

Zeige in diesem Bild

① Punkte, ② Strecken,

③ Dreiecke, ④ Vierecke!

Zeichne

⑤ eine Strecke $\overline{EA}$,

⑥ eine Strecke $\overline{RS}$, die länger ist als $\overline{EA}$!

⑦ Wieviel Dreiecke, Vierecke und Kreise müßtest du aus Buntpapier ausschneiden, um die einzelnen Bilder legen zu können?

⑧ Zeichne auf Gitterpapier Vierecke, Dreiecke und Kreise! Male sie aus! Schneide sie aus! Lege Bilder!

Inhalt

Autoren: Dr. Ellen Bülow, Dr. Horst Starke,
Prof. Dr. sc. Artur Wolf
unter Mitarbeit von Prof. Dr. Joachim Sieber

Gutachter und Berater: Antje Andrae, Angelika Behr, Ingeborg Birth, Gisela Demann, Dr. Manfred Dennert, Dr. Christa Dürr, Dr. Peter Güldenpfennig, Prof. Dr. habil. Klaus Härtig, Jutta Herbrich, Hannelore Marko, Gisela Moche, Eva Reich, Charlotte Schiller, Marlies Weyland

Redaktion: Heinz Junge, Karlheinz Martin

ISBN 3-06-000120-0

1. Auflage (stark bearbeitete Nachauflage 1991)
5 4 3 2 / 95 94 93 92
Alle Drucke dieser Auflage sind unverändert und im Unterricht parallel nutzbar. Die letzte Zahl bezeichnet das Jahr dieses Druckes.

Printed in Germany
Druck und Binden: H. Heenemann GmbH & Co, Berlin
Einband: Manfred Bofinger, Karl-Heinz Wieland
Illustrationen: Manfred Bofinger
Typographische Gestaltung und Zeichnungen: Karl-Heinz Wieland

3
6
9
5
+ 7
4
2
8
0

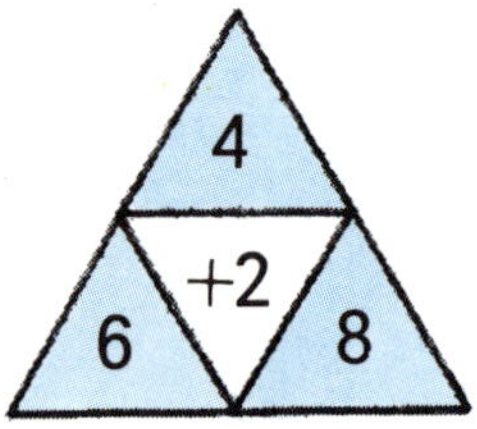
4
+2
6
8

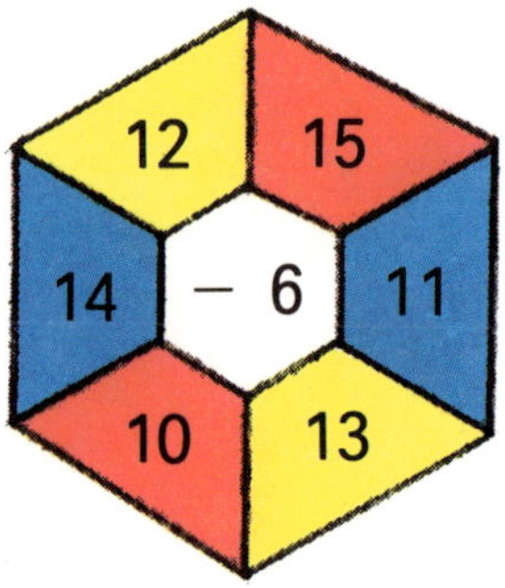
12
15
14
− 6
11
10
13

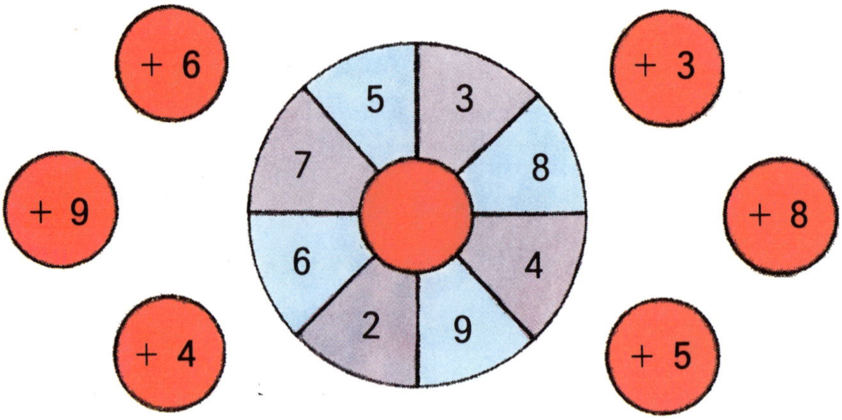
+ 6
+ 3
+ 9
+ 8
+ 4
+ 5
5
3
7
8
6
4
2
9

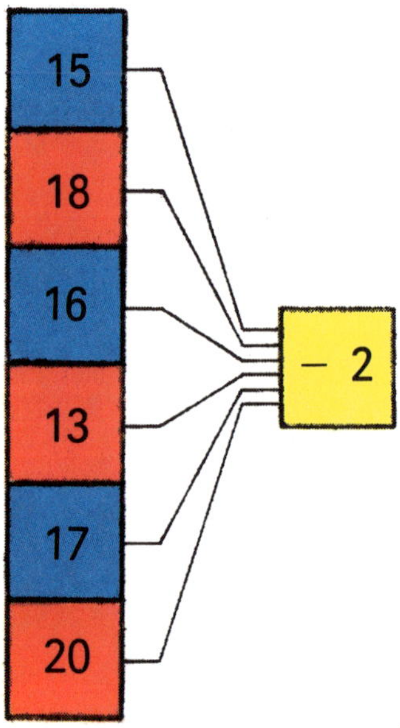
15
18
16
13
17
20
− 2

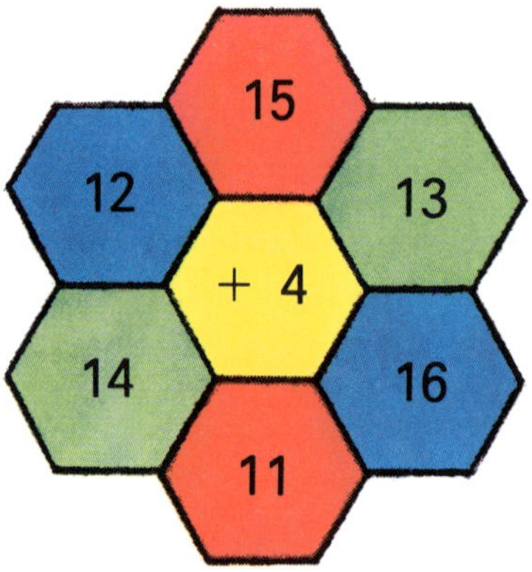
15
12
13
+ 4
14
16
11

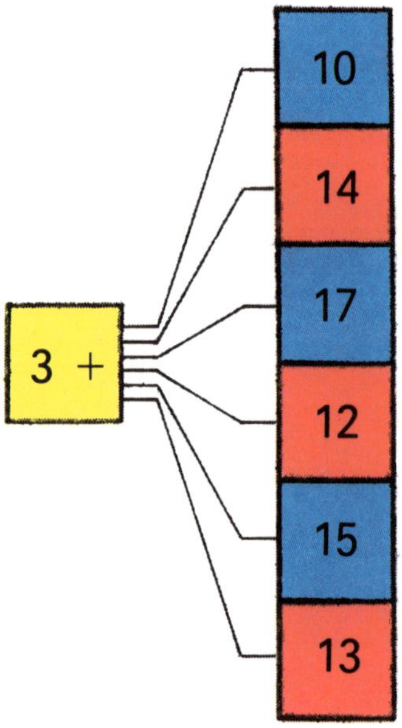
3 +
10
14
17
12
15
13

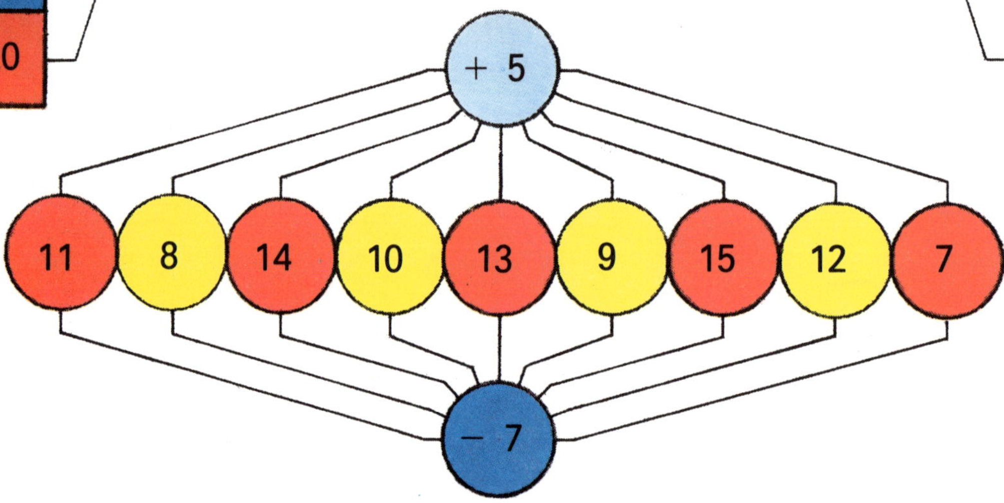
+ 5
11
8
14
10
13
9
15
12
7
− 7